名表再说

锺泳麟 著

辽宁科学技术出版社

策划: 名表论坛
编委: 吴奕能 梁春明 陈澜

图书在版编目(CIP)数据

名表再说/ 锺泳麟著. -沈阳: 辽宁科学技术出版社, 2010.4 (2011.8重印)
ISBN 978-7-5381-6321-6

Ⅰ.①名… Ⅱ.①锺… Ⅲ.①钟表 - 简介 - 世界 Ⅳ.①TH714.5

中国版本图书馆CIP数据核字(2010)第029561号

名表**再**说

出版发行: 辽宁科学技术出版社
(地址: 沈阳市和平区十一纬路29号   邮编: 110003)
印刷者: 沈阳天择彩色广告印刷有限公司
经销者: 各地新华书店
幅面尺寸: 210mm x 238mm
印张: 14
出版时间: 2010年4月第1版
印刷时间: 2011年8月第2次印刷
责任编辑: 郭健
装帧设计: 颖川堂有限公司
制作: 陈峰 梁雅馨
责任校对: 刘庶

书号: ISBN 978-7-5381-6321-6
定价: 88.00元
联系电话: 024-23284536
邮购电话: 024-23284502
E-mail: rainbow_editor@163.com
http://www.lnkj.com.cn
本书网址: www.lnkj.cn/uri.sh/6321

鸣谢: 颖川堂有限公司
香港地址: 香港北角渣华道8号威邦商业中心1702室
电话: (852) 25081318
传真: (852) 25086238
网址: www.cdv.com.hk
电子邮箱: cdv@netvigator.com
大陆地址: 广州越秀区天河路16号南油大厦B座1611房
电话: (020) 38210042

又 再 明 说

辽宁科学技术出版社为我出版的《名表明说》简体版，销书速度超过满意，令我很开心。所以，本书的"再说"也继续委托这家大型出版社出版。同时，这一次我不准备推出繁体版了，港台的各位朋友们，希望你们看简体字也看得开心。因为，我的嬉笑怒骂风格是不会因为文字载体不同而有所改变的。

"明说"二字，很简单地说就是心里想什么直接写什么。很荣幸地，在下乃国际品牌能容忍的唯一一人。我知道，有人特别将我的文字中较负面的做了摘录，细心翻译过来搞出"黑档案"，向瑞士表厂做小报告，得到的只是我完全不介意的无关痛痒处理方式。而且，最令我感到安慰的是，有好几个顶级品牌在产品上做出的重要改良，也明言因为我在本书的直言批评而起。大概在鬻文者中，很少有人像我这样千金散尽从不悔，某杂志主编常说我改变了市场的食物链。她说在中国市场里，这道链是媒体怕品牌，品牌怕消费者，而我刚好聪明地把这道链串成一个循环。其实更重要的原因是，我写文章只是为了图个开心，将花钱得到的教训跟朋友分享，根本不在乎所谓商业影响。鄙人办的刊物多一点少一点广告，于我何有哉？古人谓无欲则刚，在这个词上，我有很深的体会。

2009年初金融海啸席卷全球。倘若没有中国市场的蓬勃消费，这场甚于1920年代大衰退的经济灾劫，肯定会使全人类遭到重大磨难。中国人如今有钱，就算海啸是劲道吨计的西洋直拳，也被我们的太极四两拨千斤，卸得无影无踪。可惜，国人纵有如此大的话语权，却依然被欧美的伪名牌纸老虎唬个昏头转向，花了许多就算不是血汗钱也是冤枉钱。很多人买东西，不看它是不是好，最看重它是不是贵。我在这本"再说"中，其实已经刻意指出"价格"跟"价值"的分野。甚至还想告诉读者们，多数价钱贵的表并没有与它那价格相符的价值。我不否认，可能有人到死都不知道做了冤大头，只陶醉在价钱牌的位数上。但，余既有所知，焉能不明说？

谢谢朋友们上一本书的捧场，祈盼各位继续支持。

残建的书 锺麟印

目录

男用腕表

女用腕表

运动表

收藏心得

迪通拿评说

6239

　　老牌影星保罗纽曼逝世，举世咸感可惜。他为电影事业作出巨大贡献，当然也对手表的时尚潮流产生过重要影响。近年脍炙人口的劳力士迪通拿（Daytona），就因为曾戴在他腕上而更为人所熟悉。而他佩戴过的那个款式，被收藏者昵称"Paul Newman"。

　　劳力士在1930年代就开始生产计时表。此中"棺材仔"的Zerograph，更使用了当年最小的计时机芯，成为很经典的代表作。然而，劳力士计时表的扬名，来自1961年的大改款。它使用Valjoux的72型机芯，而很有趣的是这家属于ETA的机芯厂的商标是一个花体的"R"字，很多人便

6241

以为那是劳力士所产。此表当年最创新之处，在于将测速计刻在（或印在）外圈上，很受要计算平均速度的赛车手欢迎。据说，此表推出之际恰逢在美国佛罗里达州迪通拿海滩（Daytona Beach）进行的车赛开始，劳力士入选为指定计时器，这只原本只叫做 Cosmograph 的表，便顺势加上迪通拿的名字。保罗纽曼在电影《赛车龙虎榜》（有说只是该电影的海报）上戴上编号 6263 的迪通拿，为这腕表增加了名气。现在俗称 "Paul Newman" 的表，计时针盘上都有细小方格的刻度。这种特色，使它的身价比同期的迪通拿高出四五成。

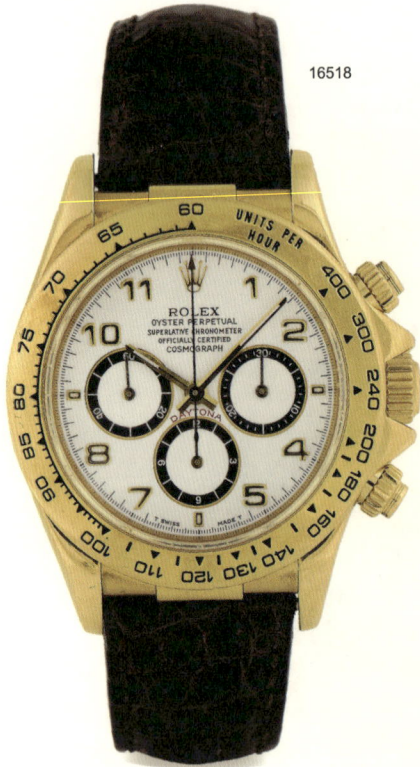

16518

6265

16520

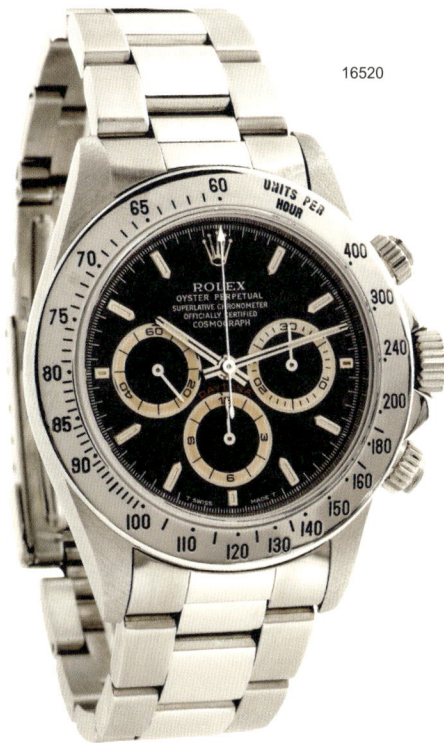

使用Valjoux机芯的迪通拿，初时并不得志，因为那年头的人买表最重视的是实用，不赛车的就不会买计时表。在一段长时间里，它都是最难卖的滞销货。我还记得，在1988年于香港中环富丽华酒店举行的拍卖里，就有十几只迪通拿被抛出来，平均成交价约2万港元。当然里面有近半是Paul Newman，那个时候还没有这样的命名，人们只当它是普通货色。那场拍卖，我买到了一只极为珍罕的红金LIP，价钱贵过Paul Newman。这笔钱倘若买迪通拿，如今升值最少十多倍了。

人手上弦的迪通拿，曾在1992年的表灾后身价大跌，然后在1995年后拾级上升。我在1989年曾以32万港元买下一只金的Paul Newman，很快缩水至低过15万港元之数。今天，它要卖百来万自是易如反掌。不过，由于其运动个性，许多人还是喜欢不锈钢版本的迪通拿。2009年年中，一只署"Tiffany & Co"的6263，以9万美元成交；另一只署卡地亚的更不得了，以143,200美金卖出，

116509

116520

那是过百万人民币的数目，与金的相比也相去不远。

　　1988年，劳力士推出自动上弦的迪通拿。因为市场上自动上弦的计时表甚少，又适逢机械手表全面复兴，它的不锈钢版本很快就被炒起来，一开始就有过倍的溢价。说起来，它装置的4030机芯用真利时的El Primero机芯改装，但后者当时并没有今天的名气。现在对表略知皮毛，了解到迪通拿的改变有多大。它应用了自己的控速结构，把摆动频率从原本的36,000次改慢为28,800次。但，说起来最重要的改良在于计时系统的弹簧制动拉杆。根据日内瓦印记最后一条的规定，这些

Paul Newman

署cartier的6263

零件不能用钢线扭曲而成，必须用整块金属车制而成，而恰好El Primero的相关部件全部用钢线做！虽然劳力士不用日内瓦印记，但实用的条款是必然遵守的。瑞士劳力士的高层跟我说，4030更换的零部件多达120多个。可以想像，那已算是脱胎换骨。

　　El Primero于1969年诞生。那个时代，市场上的自动计时表只有它独领风骚。当然我们知道，以TAG Heuer牵头的几个品牌也在1969年制成了珍珠陀的三明治式自动上弦计时机芯，但很快就寿终正寝。劳力士的选择，顺理成章地只有使用以高品质星柱轮操作的真利时。不过，在Valjoux

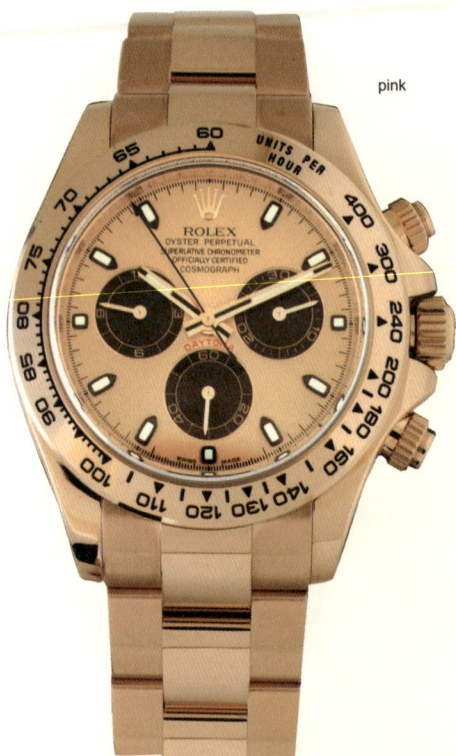

pink

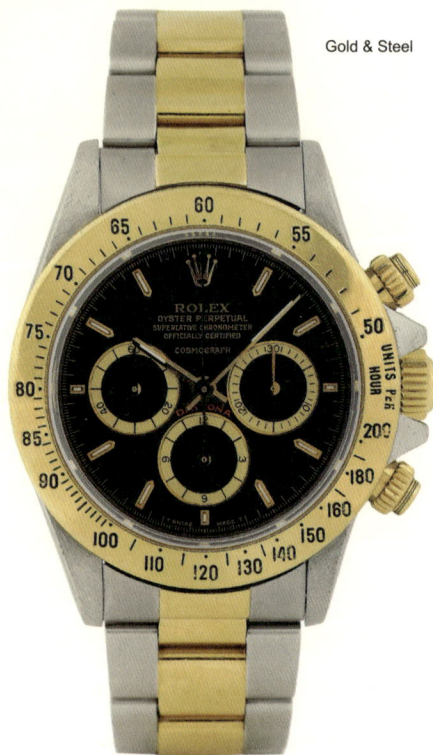

Gold & Steel

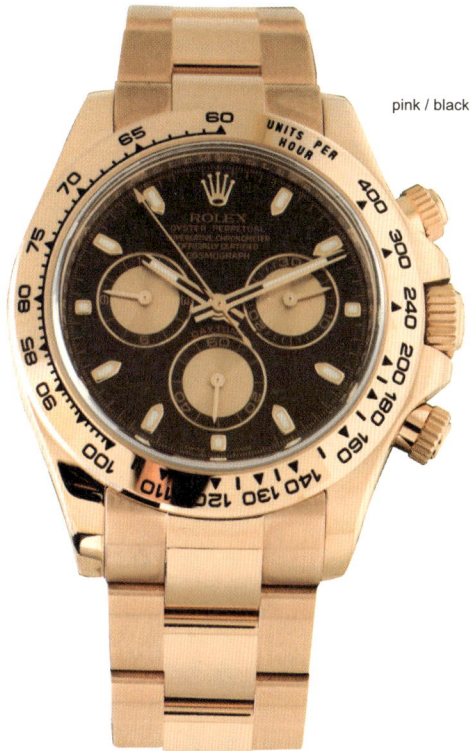

pink / black

7750面世之后，许多不同品牌的自动上弦计时机芯陆续出现，使劳力士要重新考虑自己的策略布局。2000年，劳力士宣布，完全自己生产的4130机芯顺利诞生。

　　我买到了第一批的出品。迫不急待地拆开看，它是很有劳力士风格的密封结构，而计时部件装置在正前方。于是，它的时间秒针得以设于正常的6时位置，而旧款是设在9时位置的，与一般视觉习惯相悖。当然我们后来知道，此机芯还使用了劳力士发明的特殊材质Parachome，有更好的防磁防蚀性能，使它成为现代最优秀的计时机芯。新的迪通拿，编号从1980年代的5位数字增加为6位数字，朋友们除了看时间秒针的位置，也可以从原厂证书上标示的编号分辨出来。

Tiffany

　　无论新款旧款，不锈钢迪通拿自动表都供不应求。现在它的市场价值约在9万港元到10万港元间，比表店定价高了不少。有人说，看旧的人手上弦款式，就觉得自动的便宜，我不同意这样的说法。因为，新款的生产量不受限制，谁也无法知道未来会做多少。而且，今时今日不锈钢夹黄金款式的市值比全不锈钢的还低，这就有点本末倒置了，有点被潮流操控了。既然如此，我劝朋友们不如买金的。2007年的白金黑字款式，比不锈钢的不知好看多少倍。而2009年，迪通拿在诞生近50年后首次有了粉红金的款式，也是很有美感。我认为，以品牌定价买不锈钢的迪通拿，该是物有所值；但倘若用"炒家"价购买，那就不如买贵金属的。嫌金的华贵？那白金的看起来就和钢的差不多。但行家会看出，钢的不会有黑时标，也不会有红指针！

蚝式日志，引领表坛60年

新款Datejust II主要用蚝式链带

　　第一次世界大战之后，怀表开始向腕表进化。这场中国也是"战胜国"的战争，彰显了运动战、速度战和技术战的重要性，同时突出了分秒掌握时间在战术上的价值，因此将怀表逼上被取代的历程。然而，许多技术问题都在困扰着制表师。时计从口袋外露到保护性低了很多而活动程度又高了很多的腕上，对表的准确度、避震性以及防水防尘能力要求都突然间大幅提升，令发展的路充满了障碍。

大方格的时标乃重要设计特色

当时，瑞士已经升格为钟表王国。但瑞士人的严谨与保守，使腕表的受重视程度并不高。上面的几项技术要素，在成本方面、技术方面都给人们造成了困扰。更主要的是，腕表多数用12法分以下的小号机芯，在规格上难与成熟的大机芯比试，更令追求运行质素的瑞士制表师却步。就在这个时候，伦敦的威尔斯多夫来到了日内瓦，他创办的劳力士加入了瑞士制表业，并且以卓越的发明创新使腕上的时间观看方式成为现实。1914年，英国乔城天文台给劳力士手表颁授了A级精密时计证书，开始了小口径机芯也能得到天文台表称号的历史。1926年，劳力士的蚝式表壳结构首先达到了防水防尘的性能。1931年，世界首创的360°自由转动摆陀令手表可以自动上弦，提供给机芯的动力源源不绝。而在14年之后，大号劳力士Bubble Back首先在表面上设置日历窗，成为现代手表设计的滥觞。

天文台级精准度、蚝式防水防尘加大摆陀自动上弦，这款带日历窗的手表后来在外观方面经过改良，就是我们很熟悉的Datejust。

劳力士的日历窗，影响了整个瑞士制表业。很可能，后来所有品牌都使用过此聪明设计。在收藏手表的过程中，我发现几十年来劳力士对这得意之作做过很多次改良。原本的日历，只于开在表面的方窗看到，但劳力士后来在玻璃透镜上添加了放大凸镜，使数字更为清楚。而在调校方面，劳力士更一改再改。最早的Datejust，日历环随时针连动，分针转24圈日历才能向前跳一天；到1970年代我拥有的第一只Datejust，型号1601，已经可以分离调校，时针前三后三转动就可以往前跳日历；随之的新款，表冠已经可以独立快速转动日历环；而最新的设计，是表冠的转动与日历环的跳动同一方向，感觉更有逻辑。这样细微地为用户设想，令人很感动。我说过"人生只能买一只好表的话就选劳力士"的话，至今看不出有修正的可能。

60年前，劳力士在Oyster Perpetual Datejust上加进了不锈钢配18K实金的款式，成为风行一时的品种。这个设计，厂方后来命名为Rolesor，包括了黄金与不锈钢相间的"金银润"，以及表壳外圈为白金的"钢王"。它有劳力士的高质素，却也有时尚的风采，很可能是世界上最多人认识的表款。超过半个世纪，它的受欢迎程度从未衰退，成为永恒的经典。

这种设计特色，也是大部分品牌都应用过的。有个奇怪中文名字"日志"的Datejust，真的可以用表坛祖师爷名之。经过了半个世纪以上的发展，Datejust应该向前跨出一步了。2008年面世的Day-Date II，它的表壳口径也增大至41毫米，并且萧规曹随命名为Datejust II。

2008年见过Day-Date II，骤然膨胀的感觉慢慢适应，所以在2009年的巴塞尔看到新款Datejust II已不觉得它是庞然大物了。试带在手上，它更加伟岸，相信喜欢运动表的人会感到很舒适。两款大表我都还没买过，但连Datejust都变大了，我不接受大的事实也不行。

2009年诞生的第一代Datejust II，以Rolesor作主题。换言之，它们是不锈钢配实金的设计。表壳主体是黄金或白金的细条外圈，与以往的Datejust相比，它的不同之处就在此表圈加宽了许多。宽金边的斜边上，有劳力士的防伪细字商标。它的链带为蚝式，黄金圈款的链带中节为黄金。新的造型，使整体雄壮魁梧，有可靠硬朗的个性。表面设计也是新一代劳力士表的强项。在Datejust II上，我们看到了前卫艺术与实用之道两相结合的结果。例如在Yellow Rolesor里，有炭灰面配深绿色罗马数字的款式，金边绿字石破天惊。9时位置的白色夜光宽条时标也产生画龙点睛效果，它不但与日历窗营筑了平衡，还为在黑暗中看时间形成定位作用。另一款Yellow Rolesor，配黑面阿拉伯数字时标，有传统但勇猛的风格。至于白金圈的型号，也包括两种不同的表现。白面白长方时标的温文尔雅，灰面浅紫阿拉伯数字时标的则年轻时尚，适合不同的服饰。当然，除了上面的四种款式之外，Datejust II还同时推出了叫人叹为观止的诸多设计。在巴塞尔看了Datejust的百花齐放，看得出厂方要迎合所有需要的雄心。不管是前卫还是保守，总有让你感到贴心的款式。

我不喜欢不锈钢壳的表。但我相信，2010年会有把我击倒的实金或铂金Datejust II出现。

秒针长短争霸战

人手上弦的大三针表Richard Lange

使用27SC机芯的百达翡丽570

　　2009年的巴塞尔大展没有太多新东西，但很奇怪地有好几个品牌做了手上弦大三针的表。我的同事都逗我说我走运了，想搜罗这个项目的时候便百花齐放。所谓大三针，指的是时分秒三根针都在中轴上的表。由于这个设计的秒针必然比使用辅助秒针盘者长，所以人们叫它大三针。相对的，秒针不在中央的便是小三针。

在现时市场上售卖的手表中，很少有人手上弦的大三针"简单"款式。从这一点，看得出整个行业设计方向的偏颇。制表师大概总以为越薄越好，将薄的希望完全寄托在小三针上。当然，理论上说，小三针肯定会走得比大三针为好。因为，秒针直接装在第4轮即秒轮之上，而无须经过几个齿轮将动作传到中轴套管，还驱动一支重量大三四倍的长秒针，既省动力更耐用。以此类推，既省动力走得更准的是所谓规范指针的设计，这样的表每根指针都有自己的轴。规范指针时计即regulator，原本是调速师专用的标准母钟，它是表厂的灵魂性工具。我记得，百达翡丽旧厂搬迁前，菲力斯登先生让我在一个落地大钟前给他拍了一张照片。我很奇怪，那个钟根本不是这个品牌的作品，但他告诉我，100多年前的百达翡丽表都是以它作标准调校出来的。这个钟，就是三针分离的设计。

要做出好的大三针手表，得在动力及结构方面多下不少心思。避免出问题，这样的结构就少用为妙。当年的劳力士手上弦大三针，定在非天文台表的级别，价钱是蚝式表中最便宜的。那为什么自动表又可以用长秒针？起码表戴在手上之后便不断上弦，动力比人手上弦的来得充沛，避免了运行准确度可能飘忽的问题。当然，其他品牌没有做这样的表的最主要原因，是石英劫后瑞士工厂大部分有各种不同程度的伤残，轻的"断手断脚"，重的"脑干死亡"，失去自行开发生产机芯的能力，市场供应什么就买什么回来装壳。恰巧市场完全没有人手上弦大三针的机芯售卖，于是想买这样的表就只能求诸古董。

就此功能来说，现时很多资深收藏者喜欢的是使用百达翡丽27SC机芯的表。历史上百达翡丽做过两款大三针的人手上弦机芯，一是1940年代的12SC（还有相类但罕有的12-400SC），一是1950年代的27SC。12SC多数用在很昂贵的复杂手表上，因为那年头连自动机芯(12-600)也是小三针的，我现在心仪装置此机芯的2497，它是该品牌史上唯一的手上弦大三针万年历表。它的口径跟3448差不多，布局也相近，但有了长秒针就有了一种活的感觉。如果有幸得到一只，我会想办法找人做个透明表背，得以时时欣赏它的秒针传动结构。

27SC有"简单"款，但数量肯定比用27-460自动机芯的款式少。现在看12SC，能够欣赏到从四轮将转动送到中轴去的装置，忒为其中的精密细致叫好，唯27SC是百达翡丽创新的Direct Seconds设计，轮系采用不同的直压部件，却又是另一种大气。没有了自动陀及动力传动系统的遮挡，两种手上弦机械都有十分动人的美。在大三针只在自动表上见到的今日，它显得特别珍贵。多数的27SC手表，比同系的27-460自动表有更高的市场身价。例如算是口径稍大（35毫米）的570，

使用240PS的小三针自动表5000G

就绝对值钱过同金属表壳的3445。

　　以往，赫赫有名的"大品牌"基本上完全不做人手上弦的大三针"简单"款式。聪明的朗格，前两年推出了Richard Lange，他们并不求薄，反而将目标放在做最好看的机芯上。Richard Lange是Adolph Lange的长子，品牌现任荣誉主席Walter Lange先生的伯公。这位朗格家族的奇才，当年做出了高精度的大三针怀表，并在天文台的大赛中得到高名次。用他的名字命名的表，顺理成章地是大三针，而且手上弦。此表面世后一直供不应求，我认识的许多顶级收藏家都放下身价买了它。

此"简单"表。就算在现时的金融海啸期，商店的货也挺缺。很多人以为它的热卖是因为机芯精雕细琢难有对手，其实更重要的原因是，十大名牌现时没有一个做手上弦大三针！

手上弦少大秒针，而自动上弦则甚少小秒针。1992年，百达翡丽推出了以240PS自动机芯做的Ref. 5000G，限量500只，表迷奔走相告，成为当年炙手可热的项目，市场价是厂方定价的两倍。它的特别处，在于小秒针设于5时位置，那是由于机芯的秒轮就设于此。而且，它不但是当时市场上唯一的珍珠自动上弦小三针表（后来才有萧邦的Cal 1.96），还是百达翡丽史上第一款配备折叠扣的"简单"表，受欢迎程度当然很高。后来，240PS自动机芯还做了不同金属的5000，以及最有Calatrava韵味的Ref. 5026，成为市场上优雅腕表的代表作。

一直在与百达翡丽暗暗较劲的，还是朗格。他们在1996年推出了人手上弦小三针的Langematic，也用珍珠陀，但视觉效果跟百达翡丽的5000族系完全不同。它采用了相当传统的布局，即小秒针盘设于6时位置，有更温文尔雅的个性。自动机芯使用这样的"正宗"编排，好像表坛已经没有了。其实，即便是百达翡丽，当年也以同样的布局见称。例如上述加起来风行了30年以上的两款自动机芯12-600及27-460，都是6时位置小秒针。但是，朗格的6时小秒针有特别的设计，它的秒针可以回零对准。

在1975年之前的百达翡丽自动表中，2526最有代表性，它是人们心目中的"自动表王"。这只表称霸，主要原因是罕见的珐琅表面。无独有偶，朗格在Langematic基础上改出的Anniversary也是珐琅面，并且删去了大日历达到类似2526的简约效果。此表在2000年面世，铂金的表壳，限量500只。由于设有凹陷小秒针盘的珐琅表面难做，废品量大，500只表做了六七年才完成。240PS用珍珠陀是追求超薄效果，朗格用珍珠陀是为了坚持德国风格的四分之三夹板。如今，Anniversary身价已经超过定价，在经济衰退中难得地幸保不失。

问鼎中原，鹿死谁手？我很希望这场在特别位置设秒针的竞争能一直继续下去，不因节省弹药而偃旗息鼓。

上链时必须将内壳拉出来

内外紧扣壳中壳

从怀表到手表，经历了保守派的顽强抵抗，经历了实用性方面的许多考验。

最令制表师困惑的，是至今尚未完全解决的存在现实，即手臂温度与外间温度的差别。这个问题，于寒带地区尤为严重。手臂传到表背的温度会有30摄氏度左右，而表面玻璃那面却感受到很可能是零下的低温。这情形，明显会影响机械机芯内擒纵装置的运作。最后的妥协，是瑞士天文台改变合格的条件，装设12法分机芯以下的手表，列入另一个范畴，不再像大机芯那么严苛。而在瑞士天文台不再"代客"验表发证之后，代替它们的COSC再度将这个范畴的界限放宽，使超过13法分甚至再大一些的也能以"小机芯"的标准过关。

另一个问题是防水。以上面的情况来说，正面冷背面暖，很容易令内部空气中的湿气凝聚成水珠，使机芯在不知不觉中氧化腐蚀。装在不锈钢壳的古董手表机芯状态多数不好，这是主要的原因。同时，表戴在手上之后要面对更多的水分接触，例如下雨、洗手等情形都有机会沾水。因此，制表前辈更急于要解决的，就是手表的防水问题。

经过几十年，我们大概也会同意，最好的防水方式是劳力士发明的蚝式锁定。它将所有有接触缝隙的部分，例如表背与表冠，都用垫圈加旋入锁定，使外部的水分甚至潮气都不得其门而入。这种设计，现在已经相当普及。不过，在实践过程中不同品牌推出的一些防水表款，现在因为罕有之故成为收藏家的珍品。例如卡地亚的Tank Etanche，今天就是天价的收藏项目，等闲不得一见。

欧米茄在1932年发明了自己的防水手表，称为Marina，那是壳中壳的设计。手表本身有一个壳，另外再有一个壳保护着它。两者的紧扣，使水分不太容易进入。不过在上链与调节时间之前，得先把内壳拿出来。今天，这个设计的实际意义已经不大，但它的独特性与经典性，却深深吸引着喜欢"刁钻"作品的藏家。不过，这款当年的"游泳"手表，已经芳踪杳然很长时间了。

两年前，欧米茄曾以相同构造做成限量表，列入其博物馆系列的第七号，叫做Grand Marina 1932。为适应潮流，它的外观尺寸扩大了许多，并用白金做内壳，红金做外壳，很是美观。它的机芯，使用品牌著名的同轴擒纵装置，可以通过内壳的透明背看到，性能比古董款式增强了。而它的限量，也比博物馆系列其他复刻表少很多。其他同系列的表，多数以创作年份做限量数字，所以动辄千五只左右。但这款"七号仔"只做135只，看得出厂方对它的厚爱。2007年我没有订，很快就售罄了。最近在拍卖出现过一只，成交价相当高，可见这款表也很保值呢。

最高身价的表

Caliber 89

　　说到人类有史以来身价最高的表，我的脑海里不由自主地首先泛起一个难以忘怀的无法delete的画面。

　　那是两年前的一场日内瓦拍卖，由于反应热烈，时间延长了很久。电话响过多次，小女孩说特别为我蒸的鱼已经凉了，但我不想走，因为压轴好戏是白金的百达翡丽Caliber 89（89型机芯）。

　　在暴风雨般掌声中，这只表顺利卖出。人们起立，恭送买家离开现场。作为一个传媒人，我瞬即跟出去，希望能做个独家专访。

　　夜已深，风更寒。日内瓦湖畔一片漆黑，路灯很是阴森。买到珍宝的是一个年近古稀的老人家，提着超级市场的塑胶购物胶袋，踽踽迎风向前走。一个刚花了4,000万港元买一只表的人！他虽然是如此富足，他又是如此孤独。我不敢再去打扰他了，乖乖地转身去朋友家吃鱼。那个晚上，鲜鱼一如无物，温柔一如无物，老人走在寒风中的影像，重播又重播，定格再定格。

从那天起我彻底改变了自己的人生观。经典无法永远拥有，你只是为后人保存。但，起码就有那么一段时间，它是属于你的。而这段时间的长短，在于你是否能够早日领悟收藏的真谛。于是，看到好东西我就会买，花开堪折便折，不待来春觅枝。

那次经历的另一个感受，就是品牌参与炒卖的说法再一次被打碎。我知道，许多过千万的表都在私人收藏家手上。一个品牌的拉抬，无法蒙骗起码是无法长期蒙骗世上数以10万计的具财力收藏者。以百达翡丽的Caliber 89为例，4只的限量制作从财阀一人独占，到最终分别落在欧亚的私人收藏者手上，不愁去路。而以现在的市况分析，这4只表的身价该已有颇为可观的升幅。用当日瑞士法郎对人民币汇率算以过4,000万元人民币售出并位居史上怀表拍卖次席身价的白金型号，相信能以三成以上的溢价易手。

世上最贵的怀表，是当年以1,700万瑞士法郎成交的有24种功能的百达翡丽复杂表Henry Grave。7年前的瑞士法郎币值偏低，倘若以现在兑换率算的话是一个多亿的人民币。此表虽然没有Caliber 89的复杂，但因为历史因素及收藏者名气而身价更高。Henry Graves的名字，因为收藏了许多百达翡丽复杂表而闻名于世，在时计的领域比他本身从事的生意方面更加有名。在世上十大身价最高的怀表中，有他收藏的3只百达翡丽，分别位列首席、第6和第8。买得好表而名留青史，这是收藏者本人生前意料不到的。金融业巨头摩根也是痴迷的钟表收藏者（连竞争对头洛克菲勒也甘拜下风），他买过许多表，甚至自己花钱用古老羊皮纸印了一本精装收藏集，并且引以为荣。但他永远想不到，他的行家Henry Graves因为专攻百达翡丽，名字得以被后人常常提及。阁下不必自诩漠视名利，我觉得有名有利总是更好的，只要懂得驾驭它们就是。

在十大高价怀表中，百达翡丽占了其中7只。这一点，令我有些惊异。相比起另外3只表的两个品牌——宝玑与江诗丹顿——百达翡丽明显地"年轻"得多。这个品牌被垂青，倘若撇除假设存在的心理因素，我认为起码由于近150年制表的工艺已比以前有了长足的进步。在提升品质的风气中，百达翡丽是领潮流之先者。我手上有许多顶级品牌的古老怀表，但在打磨装饰及机械创新方面，百达翡丽是堪称王者的。

据说，怀表因为不能用作炫耀而广受冷落，但我相信情况会很快有所改变。现在的万年历怀表及三问怀表都过分地便宜，即使是百达翡丽的三问表，10万港元左右便可买到。我建议，作为收藏与投

Tour de l'Ile

资，陀飞轮怀表值得列入首选。十大高价怀表中名列第8的百达翡丽陀飞轮铂金表，前两年以1,000多万港元售出，表露了某些玄机。我认为，手表中的陀飞轮不值一晒，陀飞轮怀表则确属极品，看过的人必知高下。此外，在Caliber 89已经成为绝响之际，我建议有财力的人尽速考虑或许还有机会拿下的"千禧巨星"(Star Caliber)。此表是现时世界上复杂度排第三位的表，仅在Caliber 89与Henry Graves之后，但造型则比它们更美，工艺比它们更佳。它的单只售价是300余万瑞士法郎，绝对比任何腕表都更值得收藏！

老人家当年买入白金Caliber 89的瑞士法郎价格，其实和排列十大高价腕表之首的百达翡丽Ref 1415几乎一样。相对来说机械上"简单"很多的后者，因为特别造型和罕有度，得以在金钱价值方面勇冠群雄。它是1946年生产的世界时间表，造型婉丽，色泽淡素，没有灿烂，没有珐琅，可能就是那大圆环时针与别不同。2009年，百达翡丽在Ref 5130重新起用了这枚时针，肯定会很受欢迎。我拥有Ref 5110，它的机械操作在世界上所有同功能的表中是最好的。Ref 5130使用了同样的机芯，但在外观上有绝妙的美学改良，请朋友们留意。

很神奇，十大高价腕表中无一例外都是百达翡丽的出品。甚至在一年前，纪录上的前20位还都全是百达翡丽。直到2008年4月，才让江诗丹顿的红金Tour de I'Ile挤进第14位。这种结果，证明了收藏者对百达翡丽的高度认同。俗语说锦上添花不如雪中送炭，但在人生里，欣赏花团锦簇总胜过雪地冰天。既然炭火只是刹那间温馨，那何不在锦缎中灿烂？

分析十大高价腕表排位，我们可以发现较为实用的万年历和计时表是比较受资深收藏者喜爱的。相对的，复杂但只供把玩的三问表和陀飞轮就不是那么炙手可热了。今日百达翡丽并不热衷于这两种功能的生产，其实是该品牌考虑到作品是传世品而非流行物的用意。差不多20年前，宝玑陀飞轮推出后好评如潮，我问总裁菲烈·史端先生有何对策，他的答案是永远不做"单一陀飞轮"(single tourbillon)，因为绝不实用！时光飞逝日月昭昭，现在陀飞轮手表已成滥觞，但史端先生的承诺至今未变。

收藏极品腕表，最重要的是看细节有多特别有多罕有。例如位列十大腕表次席的红金2499，便因为表面边缘上的脉搏计而远比其他2499贵许多。此外，阿拉伯数字小时标记在2499中也是较少有的，位列第9的同一型号也就因为这点特殊而名题雁塔。

然而，有些较罕有的创作由于很早就转手，收藏者视为至宝束之高阁不再转手，就排在比较后的位置。例如不能进入十大而仅以一位之差饮恨的Ref 96 Calatrava万年历三问铂金腕表，在10年前的腕表收藏低潮中售出，结果纪录一直没有再刷新。此表倘若有日重出江湖，肯定蟾宫折桂易如拾芥。只是侯门一入深似海，纵是邓通再世也难别抱琵琶矣。

同时，这里的记录也只是公开竞价买卖的结果，私人交易的无从胪列。例如，铂金的Caliber 89在物主破产后转手卖给中东人，价格成迷；甚至，表中位列第三的黄金Caliber 89后来也辗转来到日本人手上，未知最终身价。去去来来，高高低低，难有定数，盛世间第一大事叫做人生得意须尽欢，未知各位认为是耶非耶？

附注：黄金89于2009年11月拍出，成交价5,120,000万瑞士法郎。

君皇的C1 Gravity陀飞轮

身外陀飞轮

我无法准确预言，高科技电脑制表术最终会否取代传统手工制表工艺，彻底淘汰旧文化。但在今时今日而言，用高科技生产的某些手表的确带着手做表款所没有的独特魅力。

新的电脑程式，可以输入各种奇异功能设计，电脑会替你安排好机芯的布局，并且在电脑上尝试运转，找出错误然后再三修改，直至完全可行。前一阵子我在瑞士参观过以高科技闻名的BNB Concept，负责人便跟我说他们已经突破了瑞士钟表业的困局，解决了人才问题。他们的工厂可以24小时生产，聘用的人均年龄只有20岁多一点，而且无须经过复杂的训练。令高价手表提升成本的打磨工序，在这里变得全无必要，因为电脑切割不但能令部件的形状千奇百怪，还能令部件的边缘达到平滑的镜面。这样的处理，构造会令许多人眼前一亮，吸引相当数量的消费者。

瑞士君皇（Concord）一再转型，从超薄的Delirium到典雅的Impressario，然后是Saratoga，品牌一步步地走上追赶新潮之路，成绩是有目共睹的。新的C1系列现在敲开了高科技的大门，有前卫的新时代硬朗造型，许多年轻人都喜欢。在下不年轻了，但还是挺喜欢这个系列的Tourbillon Gravity。如果不谈自己熟悉的传统打磨，那别具一格的功能布局，那妙想天开的操作安排，玩起来实在很过瘾。这款表只做25只，定价为198万港元，我觉得这样的成本以旧技术来说是无法完成的。

很特别的，它的陀飞轮摆放在表壳之外。在表壳的边缘，可以看到这枚浮动陀飞轮的运转，无须翻开衣袖观看。陀飞轮的边缘是一圈秒钟刻度环，能在正面看到。而以四块刚石晶片玻璃组成的透镜后，有各种有用的指示。比较大的时分针盘在左上角，5时位置是计时的小时与分钟同轴记录盘，后者的活动为飞返式，由8时附近的一枚按钮操作。另外两个刻度，一个是三天半的动力贮存，一个是指示摆轮摆幅的"信心指数"，告知摆轮是否保持 21,600摆的既定设计，因为过快过慢对机芯耐用性和运行准确度来说都是至关重要的。要认真地向非表迷的人们解说清楚整只表的功能，肯定要花许多唇舌。我想，喜欢讲故事的人对此是会觉得很荣耀的。

此表相当大，口径48.5毫米，厚度18.5毫米。它的基本表壳用白金做，配以橡胶的装饰物。由于机芯的基板与夹板使用铝锂合金制成，所以重量得以减轻，使它戴在手上还是不沉重。橡胶表带装在表壳上的角度经过特别编排，很贴腕，也是君皇C1值得骄傲的一点。

最廉的表壳　最贵的机芯

不锈钢的三问表

在常见的单一功能中，三问报时可能是结构最复杂的。钟表之父宝玑也说过，不会报时的表都不算复杂表，万年历不算，平均时差不算，他发明的陀飞轮也不算。

所以我认为，没有三问手表的收藏，应该是不完整的。

三问手表很有趣，戴在手上不显些微招摇，但懂表的人看罢却会肃然起敬。左边的"扳机"是玄机所在。一推这部件，三种报时声响便会鱼贯而出，有大珠小珠落玉盘的妙趣。我很记得一个笑话，某家大陆表厂觉得江诗丹顿的三问表造型好看，以为国际上流行这种轮廓，却不知道三问表的扳机是功能部件，在抄袭表款时便连这部件也加上去了，当然是实心的。照片出来，人们惊讶竟连大陆也能做出三问表。得知真相，笑得几乎卷成一只田螺。

既然三问表难做，所以品牌便都用了贵金属的表壳。根据惯例，最顶级的制作往往用铂金做壳。可是，密度高的金属共鸣与谐振特性均差，不可以很好地传播报时声音，因此影响了三问表的品质。手表的机芯小，天生就有声音不够大的缺陷，贵金属表壳的应用，真乃雪上加霜。

研究发现，晶体金属，例如钢和钛有很好的共鸣性能。在相同型号上，钢的会比金的声音大5到8个分贝，铂的更是望尘莫及了。我们知道，每大3个分贝，声音便等于响一倍，可以协助解决某类机芯音量过小的问题。可惜，人们的潜意识总认为钢的或钛的不会是贵价表，不能接受七位数字价值的表用普通物料做壳，所以极少品牌敢于挑战现实。我的藏品里有爱彼和积家的钛金属三问表，也确实认为它们的声音比金的或铂的更响亮。不过，这类表的产量都很少，表厂对此是戒心重重的。

然而，有胆量、敢于担当的制表师还是无所畏惧的。独立制作人FP Journe公开宣布，他做的报时表只使用不锈钢表壳。

四五年前他做了不锈钢的自鸣表，定价60万瑞士法郎，听说有颇多的人轮候。某天他带了一只来香港示范，与我手上的某品牌铂金陀飞轮自鸣表相比，声音的确响了很多。于是，我把戴的表还给工厂，说如果改成不锈钢壳我就确实考虑买。但仔细想一想，铂金的定价638万港元，就算换成钢壳后不可思议地便宜100万港元，我真的肯花500余万港元买一只钢表？

FP Journe的另一报时杰作，是不锈钢壳的Souveraine三问。与钢壳相映成趣的是，它的机芯用18K红金做成。现代没人做钢壳的三问表，也没人用实金做机芯，FP Journe实在能人所不能！此表的机芯很薄，只是4毫米之谱，应该是目前最薄的三问手表。由于报时机械与时计机械相融合，用者可以在表面上看到打簧锤。我在日内瓦试戴过也试听过，各方面都挺满意的，于是即时告诉史提芬陆我要买一只。当年的定价是120万港元，不知道如今变卦否。

真复杂　真孤本

增加日历环之后，天文表向日用靠拢

几乎每年一度的"Only Watch"慈善拍卖，是手表品牌争妍斗丽的舞台。但在金融海啸期间，这种光芒未免有所收敛。除了改由成立不久的Patrizzi & Co负责在蒙地卡罗举行的拍卖之外，许多品牌以较平常的表种改头换面参加，甚至索性退出"选美"。我还答应2009年9月飞过去恭逢其盛呢，现在有些踌躇了。

但是，百达翡丽捐出的5106真的好。

买过有天文功能的5102之后，我对现实中已没有重大意义的这款表好感非常。平时，不论多难买到的表，到我手上一两个月之后就已经有些乏味，开始半怨妇生涯。但，5102不会的，手上戴着别的表我也会想起它，像做爱过程中另一倩影萦回脑际。它每天有不同的星空状态，这个状态甚至每分钟都在改变，实在是很好的耳目之娱。以前，我对每一个买了这表的朋友嗤之以鼻，觉得只是不知何物曰表的富人们炫耀身家的举动。但现在，我认为它起码要比陀飞轮或者万年历有趣得多美丽得多好玩得多。

运行（running）天文表是百达翡丽的首创或可能是独家。用"可能是"这个词，是因为我并没有机会实际研究定价1,500万港元的江诗丹顿Tour d'Ile，不知道它的星空图是每天一跳还是连续行走。现时，百达翡丽具备运行天文功能的手表只有5002跟5102，直到"新丁"5106的加入。

这枚"新丁"，甫面世便破了百达翡丽的纪录。它的口径为 44.2毫米，成为百达翡丽史上最大的手表。与5102的不同，在于它跟6000一样表面外缘有日历数字环，中轴有日历针。如果说星象月相天文功能只是娱乐性的话，那日历功能就是向日用靠拢了。而由于日历指示设于边缘，那小时标记便只能移位。在这只孤本手表上，百达翡丽起用了一个22K金的外圈，以便用人手在上面雕刻出时标以及细小菱形格纹。于是，5106不单有独特的功能，还是唯一的使用22K金做表壳部件的款式，唯一的使用Calatrava表壳的天文表。此外，还有一细微的独特处在机芯上：它的22K金上链摆陀的边缘刻上了要用放大镜才能看到的字"To Paul"。这些细节，使原本就很昂贵的天文表（看清楚，不是天文台表！）变得更昂贵。

能卖多少钱？玩玩猜谜游戏。2007年的Only Watch，钛版本5712以当时汇率算卖了大约600万港元。与5106相比，5712是功能太"简单"的民众东西。而在市场价格上，没有日历的5102是5712的七八倍。从各方面分析，它既罕有又复杂，我想争夺5106该大不乏人。起码，付款的人不但可以像买5712T那样做一次善事，还能得到能列入珍贵收藏项目的品种。在我面前放一只5002，一只5106，我肯定会毫不犹豫取后者的。因此，我认为即便经济未复原，它的成交价也不会比5002低。5002现在卖多少钱？112万瑞士法郎。

红宝配钻石的时标别具一格

黑面配红字显得很有豪壮气派

留意大蓝筹

在这次金融海啸中，身价受到较大影响的是100万港元以上的表种，即便是"大蓝筹"百达翡丽也难以幸免。但从另一个角度看，这次经济灾难也是真正收藏家买得梦想铭器的最好机会。"投资者"们纷纷套现离场，而今时今日最容易套现的值钱项目就是腕表。所以，一些平常难得一见的表，都纷纷进入市场，使收藏者不用轮候也能买到好表。甚至，某些表的价钱还挺吸引人。

这阵子，连续出现了几只百达翡丽的5016。说起来，5016算是日用功能腕表中最复杂的型号。以功能算，应该只有带有天文星相的双面表5002比它复杂些。但是，5106的尺码适合，每一项功能都能马上看出它的作用，相信还是比装置了现实没用的"屠龙刀"的5002更受欢迎的。这只表有常用的万年历，有专为鉴赏家设置的三问，后面还有个含蓄的陀飞轮，对很多人来说已经相当足够。当然，这世界还有更复杂的表，例如宝珀的1735和万国的"战马"，但却未必是人们追求的东西。而且在转手时，它们的身价很难有定价更低的5016之半数。写此短文时刚参加完Patrizzi的日内瓦拍卖，上有一只"战马"，以13万瑞士法郎沽出。而5016呢，红金款定价68万瑞士法郎，要想出手，大多高于此咫值。

5016在1980年代末期面世，大概每年会做十只八只，所以我估计直到现在产量也未达200之数。订购此表，越来越困难，正常等待时间应该在两三年间（但世上总有不正常）。2000年之前，可能订的人没有现在那么多，买家常可以指定制造自己喜欢的表面，甚至有些不怎么符合百达翡丽的风格也会被接受。现在有人基于各种原因把这样的表放售，我建议财力足够的话不妨收进。

近日见了好几只特别的5016，有罕见的红字，也有即使在百达翡丽其他型号上也没见过的红宝配钻石刻度。价值是多少，真的不好估计。前者的要价，我强烈推荐买入，因为那个价钱会令蒙正也心动。有朋友说，现在想出特别的设计来，也许厂方也未必就拒绝制造，很令我跃跃欲试。不过，对我来说400多万港元是挺大的一笔钱，给我点时间方可筹措到。我最怕即定即有！在金融风暴的余波中，这种情况屡见不鲜。你知道吗？现在是2009年4月中旬，我3月底在巴赛尔订的表已来了几只，更别说在SIHH订的了。2009年，真是表坛史上最有效率的一年。

独一无二的宝珀珐琅陀飞轮

罕有不等于值钱

可能有很多人不知道，由于流通的不普及，以至名气的不彰显，某些生产限量过少的表反而没有合理的市场价值。

市场价值的计算，没有确切的定律。因为，既然是公开的市场，自然就有很多人来参与。其中自然有懂表的人，也杂夹着混水摸鱼的所谓投资者。钟表投资原是推广这个市场时的诳语，谁知道今天看来起码它的保值能力高过绝大部分的投资项目。在股票房地产市场上亏了钱的人，如果有幸买了一批好表，那就持有着翻身的另一套本钱。达到投资级项目的表，现时的身价并不比2007年差多少，甚至会有增长。如果买的是汽车游艇飞机，很可能现在送给别人都没人要。

至于如何选择，有一定的学问。罕有固然好，但正如上面所说过分罕有令投资者们不熟悉也会影响了它的升值能力。百达翡丽日内瓦专卖店重新开张时做了两款表，一是铂金的5105，一是不锈钢的5565，它们都是古董表的复刻。做300只的5565，认识的人比较多，从10余万港元的定价扶摇直上最高曾到60多万港元。但用古老机芯9-90做的5105，只做100只，30多万港元定价，买到的人多数是百达翡丽的最忠实支持者，于是留到市面上的就很少，名气比不上大批量的限量表，例如5100及5500。它曾经上过一次拍卖，成交仅60多万港元，令很多人跌了眼镜。照理说，六七十年前的机芯能以全新面貌再出现，肯定比5100难得，谁知道它的升值百分比远不如钢的5565！

我常在拍卖中"捡"一些所谓unique piece。不是当炒的项目，价钱往往不合常理。最近又买了一只掐丝珐琅面的宝珀陀飞轮，就是便宜得我常告诫自己忍手也忍不成的东西。它是早期的陀飞轮，表面中央有一以经纬线组成的地球，地球的每一格有各种不同的色泽，我形容它是画师手上的调色板。它的好处，在于表现画师的色彩表现能力，证明什么颜色都能烧得好。我刚好向另一个品牌订造一只绿色面的腕表，厂家问我要哪一个绿，宝珀的表面上恰恰有那个绿，很轻易地就跟设计师沟通好。只花了十几万港元，有好的珐琅，有还好的陀飞轮，更是色彩的认定物，我实在很开心。

跟宝珀这个品牌，我是很有缘分的。我的第一只陀飞轮，第一只万年历，第一只三问表，都是这个品牌的出品，现在等我的第一只活动春宫三问。宝珀近年的成就相当高，产品越来越受欢迎。2009年巴塞尔大展上看到它们有了很好的折叠扣，拍掌叫好。赵美女说，被你白纸黑字骂了几次，还能不改？

表壳为魔鬼鱼造型的5100

海啸淘金

金融海啸，名表难以独善其身。

当然，最经典的项目不会受很大影响。

50万港元左右的表，往往最被垂青。以百达翡丽来说，这类的"炒"表相当多。其中"时尚"者如5980计时表、5960年历计时表，在这浪头被甩下来了，有可能以定价在表店买得到，退出被抬捧座位。而稍复杂的3970万年历计时表与5059万年历自动表，亦以回复两年前的身价。我觉得，后面的两只表已经停产，而品质绝不会比替代它们的型号低，喜欢的不妨趁机收进。这些表现在处于低位，像"大笨象"汇丰般的狂泻，必定不会在此出现。

说起来，这个品牌的好表中最"坚挺"的，该数5100十日链以及5070计时表。

5070是神奇的。用相类机芯做的其他品牌的表多如恒河沙数，但保值能力都无法与它一较高下，最值钱的也不到它的半数。甚至，在百达翡丽自己的眼里，它也是很卓越的制作。很简单，同是铂金的表壳，5960P是自制的计时自动机芯，还加上了年历的指示，但定价比"斋"计时的手上链5070P便宜了10万港元。光凭百达翡丽的这个定位，我就不喜欢任何所谓"先进"的direct coupling设计。因为，传统的计时机芯排位方式明显地更美。至于是不是更实际，100年之后是不是走得相对地更好，不关我的事。

170年来，百达翡丽只做了一款长动力机芯，就装在庆祝2000年新千禧的十日链腕表5100之上。此表的特别处，在于机芯只做一批，而表壳也毁模停产。这种限量方式，彻底得令人瞠目，在行业内绝无仅有。所以刚推出的时候我就白纸黑字预言，此表一定高速升值，否则人头作芋头。结果，即便金融海啸卷至，想要的人还是络绎不绝。好几个朋友托我留意，想30万港元左右收进黄金的型号。我还记得，在2001年底，有店家还肯用低于9万港元的价钱卖给我一只。

我自己收藏的是红金的型号，市场有货时我能用13万港元买得到，但最后买进时已贵了40万港元。这样的高价我还要藏有，是那机芯越看越美丽，甚至觉得后世不再会有如此好的百达翡丽机芯。它的布局均衡合理，它的美感超过同厂的珍品9-90。同时，在百达翡丽史上，这是唯一一款有黄金套筒的手表机芯。Philippe Stern先生告诉我品牌不再用黄金套筒的原因，是这种昂贵部件的性能不稳定。但，如果他不再做以该机芯开发出来的5101陀飞轮，这话我才同意。

有一位好朋友说他要趁海啸余波收齐所有5070。我的目标，则瞄准在其他5100以及5101之上。

卡地亚的浮动陀飞轮有了长方形的版本

卡地亚挥军表坛圣地

这几年，瑞士表厂一窝蜂宣布自己会做机芯。在看过了不少"新作"后，我觉得不要单看"自制机芯"的吹擂，得看那机芯做得好不好。不好的，例如某顶级品牌这七八年开发的一款手上弦机芯，不如选择最大路的ETA。进厂看了这款机芯用的物料和整体结构，我想，很多崇尚"自产机芯"的人完了。

2008年开始，卡地亚在日内瓦有了自己的机芯生产工厂，开始生产高品质的机芯。因为，卡地亚买下了豪爵的生产部门，自然是看中其超卓生产能力。所以，他们第一件推出的日内瓦产品，是相当美丽的浮动陀飞轮手表。当然，少不了日内瓦印记。

所谓日内瓦印记，是当年日内瓦表商为对抗瑞士各地涌来此地出售的A货表而设。能在机芯上刻上日内瓦印记，除了必须产自日内瓦，还要符合12项规定。这些规定，严格限制了每个部件的打磨装饰，那不但使机芯更美观，而且相对地减少了部件的磨损。它具体而微地保证了产品的品质，比红酒的AOC还复杂得多。我自己认为，有更多的品牌接受此无形的规范，无论如何是好事。

卡地亚的第一款有日内瓦印记的手表，是Ballon Blue de Cartier Tourbillon Volant。在背面上，可以看到符合日内瓦印记要求的精美夹板，例如边缘的倒角抛光，螺丝头的去边斜角，以及红宝轴眼的霜面等。不看背面，可欣赏正面的陀飞轮。它是没有横桥固定的浮动款式，能完整观看陀飞轮的旋转。我不想说，新的卡地亚陀飞轮会比旧的设计好了多少，但，其上刻有日内瓦印记，那就在地位上高了一层。

2009年，另一款卡地亚制作的日内瓦新表款面世，它以一代经典Tank作外观，叫做 Tank Americaine Tourbillon Volant。Tank在1912年第一次世界大战胜利后诞生，设计灵感来自大摇大摆驶入巴黎城的法国威龙牌坦克。在这段长时间里，Tank有很多个版本，以国家命名的有法国坦克、中国坦克及美国坦克。美国坦克是比较晚的设计，所以最有现代气息。它亦采用有142个零件的9452MC人手上弦机芯，陀飞轮装置为浮动式。美国坦克的造型修长，机芯的固有形状使外型更加硕大，配合了今日的大表流行潮流。可以看到，卡地亚挺进表业巅峰的路已经越来越顺畅。此表的表面，秉承了前作的韵味，镂通的上层表面，印有罗马数字时标及秒钟的火车轨刻度，展露出下面的浅灰色莲花放射纹。它的表冠，自与"蓝气球"有别，为六角形有切面蓝宝石的硬朗设计。两款完全属于卡地亚自己的陀飞轮表，将是奢华品市场的一剂强心针。

我当然最希望，很快卡地亚会推出有日内瓦印记的"简单"表。

海鸥的万年历接近瑞士中上品牌素质

中国方式的万年历

在艺术品中，钟表有很特殊的地方。无论是陶瓷、字画、玉器甚至是外国的油画及珠宝，都有人能做出惟妙惟肖的赝品。但表不行。你完全凭自己的技艺做出无法辨别真伪的百达翡丽或者朗格，你的地位根本就能跟他们分庭抗礼，打上自己的名字就好，还做什么仿品什么假货。

我痛恨中国人做假表，看到中国慢慢有好一点儿的表就开心，所以一直很忠实地发表自己对国产表的意见，也基本不修改地在自己的刊物发表抨击国产表的文章，希望用电殛的震撼方式加快国产表的进化。做表种类最多也被我批评得最多的海鸥表，其掌舵人王德明是少有的"闻过则喜"的古风中国人。我们的意见，他全部记在心中，并且对症下药做改善。我曾对大陆媒体说过：中国手表倘有进入国际奢侈品行列的一天，当自海鸥始。这种想法，至今未变。

最近试用了海鸥的新作万年历自动表，觉得这一天更近了。没有外来机芯供应就算是多数瑞士表厂也无法做的品种，不是陀飞轮，而是万年历和计时表，这两种功能的表现在海鸥都有了。

这只红金万年历表，口径为42毫米，很适合现在的潮流。它用洋葱式实金表冠，两级表耳上有螺丝固定皮带，有属于自己的古雅个性。表面设计相当复杂，甚至有过分复杂之嫌。它的3时位置是日历针盘，9时位置是星期针盘，而月相处于上方，下面是月份及闰年次序小针盘。在圈中有圈的表面上，边缘是立体的圆环细纹，中央有巴黎钉头纹。处理的精细颇具匠心，工艺到达瑞士中级表厂水准。

至于历法的调校，此表采用了全编序式，不能另行调校。这样的设计，在瑞士手表中不常见，使用起来有优也有劣。拉出表冠的第二档，便可以向前调日历，相关的所有指针也同时连动，只能上前不能退后。如果给它提供足够的动力，它的所有历法功能可以无须调校正常跳动，直到2100年。

翻到背面，可以看到不错的机芯。它是大概13法分的口径，在大表壳内也装得满满。此表为39石，摆轮每小时摆21,600次，注明有42个小时的动力贮存，明显是独具一格的开发。它采用类似劳力士的hunting style封闭处理，从某种角度来说是遮了丑，但外露的地方已不错，比不少瑞士表厂的好。锁定夹板的是蓝钢螺丝，品质很好，让以先烧蓝后开槽形式做"蓝"螺丝的某些瑞士表厂汗颜。摆轮相当大，可能是此表走得不错的一个原因。中国人做日内瓦条纹一直不够美，所以此表的基板夹板和自动陀都用了鱼鳞纹的装饰。

皮带和表扣都不错。皮带上的格纹，为短吻鳄独有，染成哑面棕色，使红金壳很抢眼。红金的表扣用雷射刻上海鸥名字，线条轮廓相当美。海鸥红金万年历自动表的限量为100只，定价人民币11万多元。

2093梨形表壳的神秘指针陀飞轮表

山谷内的古法制表

由于电脑科技的普及，现在做自己的机芯，甚至做复杂功能的机芯，都是容易的事了。很可能，传统制表艺术会像1970年代那样被"高科技"取代。我不知道，这种忧心是多愁善感，还是高瞻远瞩。这世界，有前进就有后退，甚至前进的本身就是因为后退而发生。想到这一点，我便心若止水。

然而，人世间总会有希望。最近走了一趟圣达米埃，希望之火又在心中燃起。一家我曾看不起的表厂，竟然兢兢业业地恪守钟表艺术黄金时代的传统，用古法用手工制造腕表。1993年参观百达翡丽，1995年参观积家的情景恍如隔世地又来到眼前，只是规模细了很多。

它的品牌名字，原本叫做Minerva。前身Robert Brother & Cie，成立于1858年，后改名为Institut Minerva de Recherche Villeret，2006年被万宝龙收归旗下，作品列入Villeret 1858系列。很令人惊讶的，是万宝龙彻底保留了该公司用古法手工做表的传统，并且将机芯装饰的精细度无限提高。虽然投入了大量的金钱，但万宝龙并没有刻意求取回报，使这个系列的表有着古怀表的美。

他们的拿手之作，是计时表。1942年，这个品牌就做出每小时360,000摆的机芯，准确计算1/100秒的时间，摆轮速度之快至今无人能及。这种技艺，今日依然由身手卓越的工匠呈现在新的手表机芯上。机芯的每一个零件，都由古工具制出来。我看到了在这里自产的锚式马仔、摆轮和游丝，只因为外面买到的擒纵部件并未符合要求。

庆祝创办150周年，Villeret 1858系列里增添了陀飞轮。在陀飞轮泛滥成灾的时候，这款表的精细是令人惊叹的。38.4毫米的机芯，有286个部件，动力贮存50个小时。18,000摆的大摆轮，口径14.5毫米，有每平方厘米59千克力的扭力。它有带着三个扭纹臂的旋转框架，由扭索横桥固定。两端的桥桩，将横桥高高撑起，犹似a bridge over troubled water，煞是壮观。扭纹横桥的造型，"8"字接口处有两个平面，宛如天津小食脆麻花，是由整块金属人手锉成的。技术总监比卡度说，这横桥必须一开始就用特别的软宝石锉磨，绝对不能用钢锉。即使最初时用过钢锉，肉眼无法看得出，但为避免歪风蔓延，他知道后一定会扔掉。用这种态度做出的表，又岂得不美哉？

此表采用神秘指针方式。说穿了，只是时分针印在两片玻璃上，但机械的布局，就有了翻天覆地的重大改变。齿轮传动序列只在狭隘的空间里安装，困难度强了很多。在制造unique腕表方面，比卡度真可谓绞尽脑汁矣。

名叫Grand Tourbillon Heures Mysterieuses 的这个新创作，有红金及白金的两个版本。

江诗丹顿的万年历三问表

最后的三问

百达翡丽的三问手表，有世上所有品牌俱无的良好音质。如果没有听过，或者是没有AB比较过，可能会觉得在下危言耸听。但，我是身体力行地买过许多只三问手表的人，这是真金白银换回来的结果。虽然，今时今日能拥有百达翡丽三问手表的人大概全世界最多也只有三几百个，不过这种结果是无法否定的。

注意，我这里说的是手表。三问手表的机芯很小，普遍的口径是12法分，特小的例如爱彼的更只有10法分，口径小使这原本就很复杂的构造变得更为复杂。同时机芯小，打簧锤的力道便小，加上发音簧较短，声音就很难像怀表那么悦耳。百达翡丽有自己的秘方，它的簧条合金是独有的，于是在音质方面远远超越群雄。即便是积家新发明的水晶三问，声音也瞠乎其后。百达翡丽最好的三问手表3939（它的夺冠原因，我百思不得其解），甚至可以跟普通的怀表比揼了。

声音较大的三问手表，像百达翡丽、积家、爱彼和尊达都收到手之后，我现在最想拥有的三问表是江诗丹顿。在市场价值方面，它历来都是排第二的。说起来，排第二的跟排第一的银码并不相差极远，所以很多人宁取百达翡丽了。江诗丹顿的音质，知道的人并不多，因为实际流通得少也。在某一个偶然的机会里，我试玩了江诗丹顿的古老三问手表，发现声音出奇地好。后来特意听了新出的作品，也有极佳的印象。用简单的话形容之，就是基本坐亚，时而望冠。吾友黄教授有次在佳士得拿他的3979与同口径的另一只江诗丹顿比较，结果差别不大，要用投票定输赢。这一次，江诗丹顿竟以一票领先。而黄兄的百达翡丽，已公认是在同品牌作品中声音优秀的。

在2008的香港苏富比10月秋拍里，有一只1990年代初的江诗丹顿万年历三问铂金表推出拍卖，估价低位仅100万港元，结果竟然流标了，让我很惊讶。虽说三问表在有强烈炫耀个性的亚洲人中不太受欢迎，同场另一只做10只编号第一的百达翡丽5029R估260万港元也卖不出，但这个价钱依然过低呀！于是，我实在希望能在市况低迷时"捡"到一只我还没有的江诗丹顿三问。

但机会过后就不来。大概一个星期之后，有两只江诗丹顿三问手表在纽约安帝古伦上拍，结果就很好。美国的金融海啸惨况更烈，但在顶尖领域识货人也是更多的。2007年产的有万年历的一只，以26万美元卖出；1990年代产的小口径镂通机芯款，成交价更过28万美元。可供朋友们参考的是，同场有编号1号的3939陀飞轮三问下锤，约成34万美元。这样一比，有能力的鉴赏家应该理解我想说什么。

莫非人们都知道，江诗丹顿仓库里最后的一枚1755三问机芯已用掉了？

LV的白金陀飞轮

私家订制陀飞轮

也许没人知道，我是路易威登的拥趸。我买他们很独特的衣饰鞋靴，但在旅行用品方面，我却只用人们觉得"俗不可耐"的Monogram系列。

Monogram是真正的经典。就算被西洋菜街师奶们用俗了，也不等于它就是俗物。我买了不少Monogram皮具，除了有轮子的拖拉箱。LV有四个轮一条柄，那分明就是罗湖城的地区风格。

在买过不少LV物品之后，我想，自己很想有的，是他们的陀飞轮。

路易威登庆祝150周年的时候，推出了重头戏Tambour Tourbillon。它是鼓形的外壳，边缘上刻有LOUIS VUITTON 12个字母以作小时刻度。它面世之时，定价16万欧元。前几天我牙痒又去问过，还是16万欧元。以前是贵的，但今日阿猪阿狗的陀飞轮都卖百多万，它又不贵了。

你可以说他们只是用了基斯杜化·卡勒的基础机芯，但它的精彩，令我大开眼界。我曾经评曰，不少品牌在用人家的陀飞轮基本机芯，但鲜有做得比原厂还要好的。LV就做得比用这款机芯的所有品牌要好看，好看处在于具备了Monogram的所有各种图案。

LV的负责人说，他们的每一个部件都追求完美，每个细节的设计都再三推敲，才能达到今日的效果。例如发条鼓的轮，就使用了更有效更耐用而因为加工困难现在已经没人用的古式狼牙齿。镂通的夹板和基板，用与表壳同颜色的金制成，细节彻底回应了路易威登的品牌特征。

设置上链齿轮序列的桥，是纹饰上的方菱形。发条鼓传动轮的臂、发条主轮的臂，以及满链后锁定的卡，都是四叶风车的造型。在上链时，眼看这三组风车在转动，有一股快意。背后的镂通基板上，也有两组四叶风车。在上链时，在每天的默默行进中，基板上的固定风车与发条鼓上的活动风车既相间又重叠，体现了造表艺术的伟大之处。

装置中轴的蓝宝晶片联桥，刻上了四叶风车中的三叶。左侧的实金小夹板，是LV的商标，上面镶上了钻石。这部件可据客人的要求作出不同设计，例如改用家族纹章、物主的简署、姓名的花押，成为最私家也最含蓄低调的作品。

陀飞轮的磨光旋转框架，是路易威登皮具上著名的圆瓣四叶草。轴上秒针是黄色的，与路易威登的皮具缝线同出一辙，弘扬了品牌的传奇。表冠镶有干邑色钻石，而为了更切合物主的喜爱，这颗宝石的色泽物料可以由他指定。

花纹千变万化的魔鬼鱼皮，制成独特的表带，显示了品牌在这个领域的造诣。装表的小皮箱，可以随意选择该品牌任何一款皮革或布料来缝制。打开压有主人名字和腕表独立编号的上格，内有采用同样物料制成的几件小皮具。而对我来说，最感兴趣的是随身用的装表小皮包。

豪爵特大号陀飞轮, 不锈钢配白金

陀飞轮要够大

买过不少的陀飞轮表后，我发现了一个事实，摆轮小，即陀飞轮框架小的，不要碰。用小的摆轮，好处是可以节省动力。以多部件的复杂结构来说，陀飞轮的动力损耗原本就比普通手表要多很多。就以Panerai的十日链为例，相同的动能构造，在装上了陀飞轮之后动力便锐减为6天。这个数字比例，正好与合理的物理计算相符。为了延长动力，许多品牌就使用了小号的摆轮，以减小物质的重量，使用更少的驱动力。但，有一利通常便有一弊，小摆轮惯性较低，扭力也较低，不容易准确调校，也不容易保持高精确度。所以，光看摆轮的大小，你几乎就可以判别某只陀飞轮是哪一个级别的了。

对陀飞轮手表来说，大摆轮还有一个好处，那就是看起来更美观更清晰。既然陀飞轮表的存在价值是美，那表的最重要一点 —— 陀飞轮框架的美就更为必需。所以，在我第一次戴上豪爵的Golden Square陀飞轮之后，就深深地喜欢了它。它使用了自产机芯，并且有大摆轮大框架，看起来有自己的皇者气派。它的陀飞轮是不设横桥的浮动式设计，整组控速装置无遮无挡一目了然。造型像风车叶的框架，经过打磨抛出镜面，在光线折射下闪闪发光。我在SIHH戴上这只表招摇过市，许多人看了都说很漂亮。

前一阵子，有个西班牙贵族出售他的所有藏品，差不多全都没戴过，我顺手"捞"了几只。其中有Sport Activity Watch系列的潜水陀飞轮，有300米的防水能力。Carlos Dias说，这个系列的表还有另外一个名字叫Just For Friends（我记得以前还有一款JFK，Just For King），原来也刻在透明表背的钢圈上。它是不锈钢的表壳，单向旋转分钟外圈用白金做，表耳中央及表耳侧缘均嵌上碳素纤维物料，有高科技的味道。橡胶表带的折叠扣有Easy Drive字眼及水波纹的镌刻，为全表的设计画龙点睛。它的制作限量，总共是280只。

因为透明表背的钢圈大，刻在机芯边缘的日内瓦印记被遮掩了。不过，很立体的另一个印记刻在钢圈上，使人更感恩那种细腻。它的口径为49毫米，极其巨大，比"烧鸡"陀飞轮还大，但我戴在手上竟是如鱼得水，纵使重得累也不嫌。美丽是无敌的，所以美丽带出的磨难无罪！

尼古拉斯·凯世之星单按钮计时表102334

一按计时　里外俱优

　　位于双湖谷畔的小村Villeret，是传统的制表重镇。这里有很多表厂，Minerva是其中规模较小的一家。但，这家表厂的自制计时表，却一直蜚声于世。不论是13法分中型口径的，还是16法分大口径的机芯，都有极好的品质。细看他们这150年来的计时机芯，几乎从不像世上大多数品牌那样将就成本使用钢线作弹簧，使用凸轮操控计时机械。2006年，万宝龙收购了Minerva，并陆续用后者的经典机芯制造腕表。2009年，借助Minerva既有的技术和能力，万宝龙开发了完全属于自己的计时机芯。

　　这枚新机芯，为31毫米（约13 ¾法分）的口径。它由286个部件构成，其中包括33颗红宝石。它具备两个发条盒，有72个小时的动力贮存，一枚设在背面的蓝钢指针准确指示发条的松紧。它的擒纵装置内有平卷游丝及0.97毫米口径的螺丝校正摆轮，惯性每平方厘米12千克力，每小时28,800摆，上摆夹为横桥式，保障摆动的顺畅。它的基板镀铑，上刻珍珠鱼鳞花纹；用大号蓝钢螺丝锁定的夹板也都镀上铑，斜刻日内瓦条纹。令喜欢机械的人意趣大增的，是动力传动的夹板。5颗红宝石轴眼如奥运五环般嵌于其上，不但极为美观，而且在动力传输方面直接稳定，节省能量，对机芯运作带来积极的正面意义。当然，钟表迷重视的星柱轮，也可以透过主夹板上的半圆形窗看得到。此机芯的计时传动采用垂直耦合制动方式，性能可堪信赖。

　　来到正面，187年前凯世先生的发明在眼前展现。1821年，尼古拉斯·凯世做出了首个计时机械。他用方木座装置传统的时钟机芯，木座面嵌上两个计时针盘，为顺时针方向旋转的分钟及秒钟盘。两个计时盘上中央有一根固定的双头计时针，盘动针不动。计算时段届结束之际，按动计时按钮，计时针两端的内置墨水管便会喷出一滴墨水，滴在计时盘上。此表用Nicolas Rieussec的名字命名，以向这位计时先驱致敬。它是43毫米的华贵设计，两个针盘——60秒和30分——首先映入眼帘。这就是凯世先生的计时装置的精华。两盘各有固定不动的计时针，按下是位置的扁方形单一计时钮，两个碟片便依记录时间运转。两个由一道"U"字形的桥相连，桥的两个末端是旋转碟片用的红宝石轴眼，背景衬斜刻日内瓦条纹。计时盘上是印有宝玑体阿拉伯数字的时标圆环，其中央的指针除了指示时分，还有另一根有半圆弧头的指示日期。

　　此表为限量制作，铂金的做25只，红金的做75只，而白金与黄金的则做50只。我曾矢言要买齐世上的所有近代单按钮计时手表，而目标将近达到时放弃了。因为我发现，手上的十几只表都用同样的一两款机芯，而且八成以上构造都不好，很伤心。但在看到了万宝龙凯世单按钮计时表后，希望重燃。这只表，我是必然会买的。

用玻璃来发声

纪念品牌诞生175周年的红金型号，音簧上刻1833

钛的表壳，使三问报时声更清脆

　　几年前，我去莱茵河谷参观了一家表厂，回来很有感慨，自兹而后，钟表行业的生态将会有巨大改变。因为，我看到了几乎是万能的高热线锯机。

　　它可以做出各种奇形怪状的零件，可以小得用放大镜才能看清楚，而且切口光滑无须打磨，人手极难臻之。复杂机芯为什么很少品牌做出来，就因为这些奇奇怪怪的特别零件难以生产。有了这种机器，那做复杂表就很容易，做自己的机芯就很容易。当然，生产部件省事了，但装嵌与调校还是非用人手进行不可。最顶级的表厂，还会用人手作进一步的修饰，例如今时今日线锯机器无法完成的夹板倒角处理。钢丝只能以与加工部件呈90°直角的方式操作，对第三个平面无能为力，要进一步美化便要求诸于人了。

发了这样的议论，只因为最近买到了一只钛的积家Antoine LeCoultre三问表。这只三问表，口径为 44毫米。幸好，由于是钛金属的外壳，它很轻，戴在手上很舒服。本来带灰色的表壳，因为镀上了一层铑，看上去很有贵金属的光泽。既然如此，同样是限量200只，我就宁选钛也不要铂了。钛不单轻，它还有开放式表面。更不用说，钛的属性带来更好的谐振效果，那是做三问表的人的孜孜追求。

由于强调镂通，此表的15天动力贮存与扭距指示均开放，我们在左右两边看到的是刻度弧环。为有更佳镂通效果，它的条形指针也是空心的。积家的商标印在宝石玻璃上，斜放的时标，一层一层的部件，构成了优美的三维立体感。拉下左侧的三问杆，马上看到报时专用的发条马上收紧。放手后发条张开，令governor快速旋转，启动相关的打簧机械，牵动两个样子有点像高尔夫球杆的锤打簧报时。这两个锤并排叠放，于过往的一左一右方式不同，看得出这947机芯的独创性。它的部件并不常见，它的编排很有风格，给眼球的快意远比铂金版本多。以线锯机完成的特殊零件，还有人手的倒角抛光，与红宝石及蓝钢螺丝构成美丽的画图。

6时刻度左边印有蓝色音标的抛光小簧条，是积家的重要发明。我们都知道，打簧锤的力道与落点，决定了报时的音量和音质。但，其实也很重要的是，音簧并不发声，它只能振动，使鸣响在密封的空间产生。然而，取决于表壳物料的性质，鸣响往往并不能全部地传释出去。积家发现，音波传输比钢更快的物料只有石英、蓝宝石、铍及钻石等晶体。于是，制表师别出心裁，在环形音簧的末端焊上一个靴，而这个靴还直接连到正前方的宝石玻璃透镜上。因此，音簧的振动，得以传到前面，激励宝石晶片发出鸣响，使报时声接近无流失地传送出来。

积家的技术规格上写道，Antoine LeCoultre三问表的音量为55分贝，音长达600毫秒，有7个增量的泛音。于我而言，它的声音至少是令人满意的。而且，我买的时候订价才1,137,000港元呀，许多比它"低级"的陀飞轮表都要这价位了。

大字遮掩了陀飞轮,有如抱琵琶半遮面

背后看到的主要是自动上链的传动装置

最快的单一陀飞轮

2007年的巴塞尔大展，真利时推出了"斋"陀飞轮。当然，如同以往，它用的是El Primero基本机芯。从1969年开始，El Primero就与计时装置如影随形没分离过，而我自己是并不很喜欢计时表的。这款表出现，成为市场上唯一的36,000摆"纯"陀飞轮表。我当然见猎心喜，无论如何要买一只试试。它的定价，才58万港元，在万表腾贵之时，这价钱实在太克己。那一届，订了5971P之后本不敢再订表，然而好表当前却也不想失之交臂，咬紧牙关努力工作吧！

一年之后，表才到我手上，据说订的人太多了。纵已久违，它的风采依然。40毫米的合适口径，戴在手上很舒服。除了大小，表带也是舒服的主因之一。真利时由Thierry Nataf接掌后，细节方面很是注意，表带上的蝴蝶式折叠扣肯定是行内最好的三几款之一。呈三级向外倾斜的塔形外壳，使表看起来十分优雅，很配Academy的命名。表面的设计是难以言表的好。它的单位数时标是钻石切割形式的罗马数字，与尖条状双位数时标配合在一起，带出很浓烈的立体氛围。细麦粒纹雕花的圆形中央偏移到左边，使时标随意发挥大小不同，构成生动的前卫艺术形象。

中轴有时分针，陀飞轮支架的擒纵轮轴心尖点算是秒针，所以此表还有另一个别名HMS。它的陀飞轮设在11时位置的圆窗内，由特大的"XI"字样金夹板桥保护，旋转框架的轴眼隐藏在大字母之后。以往的夹板为横桥，陀飞轮周边有日历数字，HMS回归基本，连日历都删去了，真好。

透明的宝石表背，可以看到25石4041机芯的布局。首先映入眼帘的，是机械雕花的22K金自动摆陀。摆陀下方有一道横桥夹板，组装着联系发条鼓的传动轮系。自动上链装置之下是原本的基板，上有珍珠鱼鳞花纹的装饰。陀飞轮轴心的夹板上，刻有"Tourbillon 36000 a/h"字样，这是我买此表的原因矣。由于抽走了计时装置，内部显得有些空荡荡的。我想，如果勇敢一点破釜沉舟，将机芯做成古式的hunting structure，在自动摆陀之下装一片全夹板，把机芯全面密封起来，再施以别出心裁的打磨或雕刻，既藏拙又美观，肯定会有更教人拍案叫绝的视觉艺术效果。

卡地亚首款符合日内瓦印记要求的陀飞轮表

刻有日内瓦印记的机芯

日内瓦的卡地亚

　　我常常说，为时计制造掀起革命的，总会是引领时尚的非制表品牌。将时计率先从怀内收藏改佩戴在手腕上，并且有超过100年手表制作经验的卡地亚，2008年进入了一个新境界，正式推出得以刻上日内瓦印记的高品质作品。

　　日内瓦印记在时计上的应用，自19世纪末开始。当年，许多来自瑞士各地的成品时计运入这个钟表名城，冒充日内瓦产品售卖。为了保障地方工业，日内瓦政府制定了新的法例，规定本地出产的时计在符合某些既定标准后，便可以刻上半鹰半匙的日内瓦市徽，做出清楚的界定。来自法国的卡地亚，虽然创作的手表已经名震遐迩，但因法例所限一直与这代表机芯高品质的印记无缘。就算他们的CPCP系列已经有很高的品质，而且刻意与珠宝设计绝缘，也似乎未能建立与日内瓦印记等同的名气。2008年，卡地亚通过购并建立了自己的日内瓦制表中心，于是名正言顺地把这个与法国AOC命名法例意义相同的印记刻在机芯上。 继CPCP之后，卡地亚不知道会不会增加一个拥有印记的新系列CPCG?

　　卡地亚第一款具备日内瓦印记的表，是Ballon Bleu de Cartier Tourbillon Volant。现代有日内瓦印记的陀飞轮表并不多，卡地亚这次以大陆常用语来说乃"一步到位"了。

　　此表使用的机芯，为全新的 9452MC。它的口径为10 ¾法分，由包括19颗红宝石在内的142个零件组成。机芯下方为浮动陀飞轮装置（卡地亚新买的机芯工厂专做浮动陀飞轮），旋转框架以代表卡地亚的大"C"字作秒钟指示，也为整个装置提供平衡作用。照日内瓦印记的规定，它的平卷游丝由栓柱锁定，控制摆轮每小时活动21,600摆。通过背后的透明宝石玻璃，可以看到基板上刻有精细的日内瓦条纹，边缘以人手倒角，并作出镜面抛光，以符合法例要求。发条鼓旁边的基板上，有金色的日内瓦印记，让整体更加美轮美奂。它有大约50个小时的动力贮存，为日常佩戴提供高准确度。

　　得到日内瓦印记管理部门颁授认可证书的机芯，装在46毫米的红金或白金Ballon Bleu球体表壳内。它的3时位置，有一颗由圆弧拱桥保护的球顶面蓝宝石表冠。它的正前方是由镂通的罗马数字时标组成的表面，透过此镂通构造可看到精心刻成的代表卡地亚的12花瓣放射图纹。此表装有棕色大花格鳄鱼皮表带，以同表壳物料的折叠扣佩戴。

Luminor 1950 Tourbillon GMT - PAM00306

烧鸡做好了

Panerai的"烧鸡"，名字太传神，以至忘记了它的official name。记忆中，好像是Luminor 1950 Tourbillon GMT。然而这不重要了，买此表的人，都为了好味道的烧鸡。

经过一年多的装嵌生产与调校测示，"烧鸡"可上桌了。得到总裁Bonati亲自首肯，万一不是世上最早，我也是大中华最先拿到这只表的。

买过Luminor Angelus，此47毫米口径的表戴在手上倒是不觉得很大的。当然，因为机芯上有垂直滚动的陀飞轮，以至厚度达9.1毫米，它是厚了很多的。原厂装有一条黑色鳄鱼皮表带，附送一条棕色大花格麂皮带。表面一如以往的简洁，Bonati甚至于把上面的陀飞轮字眼都去掉了。三文治表面上，中轴是金边的夜光时分针与黑色第二时区时针，3时位置是第二时区的日夜指示，而9时位置是小秒针盘。后者的中央部分有一30秒转一圈的小转碟，上有蓝色小圆点步步跳，与后面的陀飞轮转速同步。

内装的Cal 2005机芯，是沛纳海自产机芯的第四款。它的布局，乃系使用了3块大夹板，将除陀飞轮控速装置之外的所有部件隐藏起来，产生类似四分之三夹板的视觉效果。3块夹板均用古老沛纳海的缎面拉丝，边缘的倒角抛光成镜面，有自己的独特风格。它是16¾法分的怀表大机芯，该是世上唯一的自产陀飞轮大机芯手表了。有几个品牌用ETA 6497改陀飞轮，看起来还好，就是感觉总不如自产机芯的"爽"。因此，2005给我很大的满足感，它还配了3个发条鼓，有包括31颗红宝石的243个零件，摆轮每小时达够快的28,800摆呢，在装备方面是挺强的。

"烧鸡"好过瘾！与机芯呈垂直状态的陀飞轮，优雅多姿地展现它的正面、侧面以及背面。四轮驱动着"烧鸡架"，让它每30分钟转一圈，待得刻有陀飞轮字样与独立编号来到面前，那就是一周的功德完满。这个特别的装置肯定很耗动力，所以在"普遍"沛纳海表上能走10天的3个发条鼓，至此只能走6天。三轮及四轮夹板上有一动力贮存指示刻度，可作上链的参考。

没有COSC或劳力士才买得起的定时照相机，循例用电子仪测测它的准确度。但，这个地球上还没有一部仪器是设计给这样的陀飞轮使用的，咪高峰根本不能准确追踪擒纵机械的轨迹，更遑论分析计算它的误差了。不过，从几天测量得出的结果看，它在满链时与其他几天的表现也是有一定差异的。我建议，如果每天上链是所谓"收藏家"的乐趣，那假设阁下买到后就不妨给它常上吧。

背面有动力贮存指示，也能看到陀飞轮的运转

Reverso球体陀飞轮的正面

史上转速最快的陀飞轮

我佩服积家，他们只宣传能走的表。

做所谓high complicated watch的品牌算是很不少，但把不会走的试作品大吹大擂之后就没有了下文。人们常受此迷惑，以为这就算顶级名牌，于是旗下的以毛坯ETA机芯做的高价货就风行一时。但，所有人会同时受欺骗，但不会永远都受欺骗。看到这类品牌的声誉和销量都江河日下，老实说，我心凉。

我也怕2004年的积家Gyrotourbillon会在技术上有难题，也怕它最终只是纸上谈兵，但我的一个朋友买了它，几年实践证明走得很好。我放心了，积家的策略，依然令人信赖，那就是不借"卖肉媒体"（假若只收KY的钱也算卖的话）来宣传空中楼阁。10年前，我已看到他们在做自鸣报时Atmos空气钟的样品，但至今没有以此吓唬人。

2008年品牌的博物馆开幕，看到积家Reverso Gyrotourbillon的样品，有香港朋友还订了一只。2009年SIHH上，终于得以仔细把玩实物。长方的陀飞轮总会比圆的美，而在Reverso加球体运转的情况下，其美更得彰显。我得肯定地说，Gyrotourbillon II纵使没有了万年历，没有了运行式等式时间差指示，它是比上一代的球体陀飞轮更得我心的。同样价钱我也会买它！—— 当然因为瑞士法郎暴涨，现在Gyrotourbillon II的订价表面上已比前者高。

Reverso Gyrotourbillon II是开放式表面指示。在正方，可以欣赏机芯主要部件的起转承合。它的上方有时分秒针，左旁是24小时日夜指示。下方有互呈90°摆放的两个旋转陀飞轮框架，构成妙曼的球体旋转。它比第一代球体陀飞轮有了更好的改良，铝做的外框架依然每分钟转一圈，但内框架加快到每18.75秒转一圈，比上一代的快5.25秒。另外一个改良是使用了筒状游丝，这种游丝一向只在最高级的袋式天文台表或航海船钟上使用，在手表上极之罕见。这种游丝被公认为有最好的准确度及等时性，但手表较薄是不好应用的。球体陀飞轮与薄无缘，用最顶级的游丝自是顺理成章。

它的背面，同样可看到与前方相同的美景，这是传统的陀飞轮表无法可及的。机芯背面还有50小时的动力贮存指示，提醒用家及时上链。从技术上说，快速的摆轮也令动力快速消耗，Reverso Gyrotourbillon II每小时28,800摆，陀飞轮内框架每18.75秒转一圈，能走50小时已经很难得。

这款表用铂金做壳，限量75只，预定售价286万港元。

5131以美丽的珐琅扬威

5131使用的240自动机芯

世界时腕表的巅峰

现时世界上身价最高的手表，乃百达翡丽的1415世界时铂金表，身价半个亿。而较"普通"的同型号红金珐琅表，也在2,000万之谱。1965年百达翡丽世界时手表绝迹，表迷们如大旱望云霓。2000年全新的5110面世，马上大受欢迎。因为，它不单是尊贵的百达翡丽世界时手表，而且是史上最好用的世界时手表。我买过许多同功能的表，但都因为要调几次方能调准世界时而不怎么戴，甚至于完全放弃了这样的表。5110的出现，令我产生再为冯妇之心。它不但无须调来调去，更无须以记忆作时区运算。很简单地，买回来一次调正，日后只需按动10时位置的按钮，把所选时区的名字设在12时之顶，就可将一切调好。我很享受这种使用方式，所以自然先有为快。

这两年百达翡丽的产品换代，5110改成5130。5110的时针小，看起来是吃力的。5130改用"大圈"时针，要是再埋怨看不清楚，那就上帝也无法搭救你。这时针不单很美丽很漂亮，而且灵感来自1415。你可以愉悦自己，百达翡丽博物馆里收藏的铂金世界时，也用这指针呢！

2008巴塞尔，5131展出。掐丝珐琅地图表面，基础是5130的世界时，其实什么都不用说，这两句就令喜欢表的人疯狂，看真表更是"杀死人"！

新的5131，聪明地把品牌及产地名称以古地图常用的字体刻在外圈上，构成了另一种美。为了让表圈有足够的面积刻字，此表的18K黄金外壳稍微增大，达39.50毫米。24个时区的旋转碟片，城市名字也用独特的古地图意大利字体写成。它看来很有古雅的风韵，是过去的世界时手表上从未出现过的。表面中央的珐琅地图，是紧凑的世界地图。它的主要色泽，以钴蓝为主，黄绿为辅。其实，一向以来掐丝珐琅最常用的色泽，就是蓝色。这样一来，更有人振振有词将之称作"景泰蓝"了。不过，作为日内瓦三大珐琅工艺之一的掐丝珐琅，与景泰蓝的最大不同之处是巧妙精细，用放大镜看，看到金线与琉璃浑然一体，有如天然宝石般晶莹。

此表采用宝石晶片透明表背，可以欣赏12法分33石240 HU自动机芯。此机芯乃在下最喜欢的超薄自动机芯，2008年百达翡丽使用它的杰作还有白金的镂通表5180。一如既往，240 HU使用22K金珍珠摆陀，满链后最长可走48个小时，摆轮每小时21,600摆，我对其可靠性有很大信心。我相信，此机芯的内部供应是不成问题的，现在最可惜的是，由于掐丝珐琅表面难做，出色珐琅师也日见零落，5131J的产量每年均为笺笺之数，很可能每个大市场只有一两只！

红金的Vagabondage II

二号无名客

废除指针使用"纯"数字指示，曾经是许多品牌的目标。所谓"纯"，不单是Jumping Hour，还应该将数字用在分钟以至秒钟显示上。最广为人知的古老经典，该是上世纪初万国创作的怀表；而最成功地在所有方面都使用数字的，我想是Harry Winston的"三号作品"。后者姗姗来迟，据说因为机芯没有足够的动力推动看来六片其实是七片碟片的跳动。2009年品牌低调地宣布，由于有电脑的辅助，具备强大动力的机芯已经设计完成，产品即将推出市场。同时，为了安抚久候的表迷，此表将维持6年前宣布的定价。虽然我没有"排队"，但依然觉得是一个很好的消息。起码，我从来都认为"三号作品"是Opus系列里最出类拔萃的型号，是真正独一无二的超前瞻创作，其他的前无可比，后不足云。

2009年，数字指示似乎有再被重视的趋势。前几个月，朗格发布了我自己十分钟意的"Zeitwerk"，一反以往捍卫古老传统的做法，令人甚为惊讶。正在想如何想办法买一只的时候，FP Journe发来邮件，宣布他们也制成了数字指示的表。这一次，鱼与熊掌在箸前。

FP Journe的数字表，叫做Vagabondage II。有"II"当然有"I"。2004年，FP Journe为安帝古仑的30周年庆典设计了一款表，就叫Vagabondage。它是该品牌不常用的龟背形状，表面中央为摆轮，跳时窗也作为分钟指示在表面游动。此表没有商标，品牌不发资料与照片，也不做任何宣传，但Journe迷依然趋之若鹜。在安帝古仑的慈善拍卖后，此表做了限量69只的铂金版本，很快售罄了。近年Vagabondage在拍卖上出现了几次，成交价大约在60万港元左右。

Vagabondage II是相同的形状。透过烟熏色的晶石透镜，可以看到三个窗内的小时以及双位数分钟，它们是由三个大碟片操作的。碟片的夹板上除了数字窗，还有红宝石的宝石轴眼，12时位置的动力贮存，以及常规的大号秒针盘。30石的人手上链红金机芯，可以通过后背的烟色玻璃看到。由于需要推动三个大碟片的动力，此表上满链之后可走40个小时。FP Journe依然没有在这款表上印上或刻上商标，表现了普通人难以谅解的个性。而且，它的表壳线条和表面布局带着出人意表的硬朗风格，说起来与朗格Zeitwerk异曲同工。我想，如果不实际试用佩戴过，真的不容易做出二选一的抉择来。

此表有两个版本，铂金的继续做69只，红金的则做68只。FPJ宣布，买了Vagabondage I的可以优先购买同限量号码的"II"，这样的诱惑，相信表主很难抗拒。不过，五年才来一次，应该也不是太伤身的。

只做一只的铂金钻石3424

四十年后依然前卫

1955年，时维24岁的Gilbert Albert加盟百达翡丽，任职设计师及工厂总管。在Henri Stern先生的欣赏与支持下，他设计了一系列造型奇特、个性前卫的表。其中试作品有两个型号，量产品也有两个型号，但产量都不多。粗略估计，到1960年代末期停产时四个型号的总数大概也就100只左右。

也许，当时花得起钱买百达翡丽的人都只欣赏经典的款式，稍为奇特，便走避唯恐不及。甚至还可以这样认为，以前的人买表只是为了得到一件用品，对它本身也是一件艺术品的概念是茫然无知的。Gilbert Albert腕表颠覆了人们对表的固有印象，以大胆妄为的笔触给时计一副全新的面容，难免让保守的人惊惶失色。这种情势，使得Gilbert Albert系列只投产了几年就停产了。我相信，大力支持以时计表现现代艺术的Henri Stern对此会相当失望。1962年Gilbert Albert本人挂冠求去，明眼人都会看得出有所关连。

然而，Gilbert Albert系列的前卫气质，在艺术界是受到垂青的。与欧洲雕塑界超级大师Braneusi和Mondrian异曲同工的线条特征，知音人会一眼就看出来。当它不再是时计，或者不再单单是时计，人们的看法就有所不同。1963年Gilbert Albert拿自己的作品参赛Diamond International Award，一连三年得到了奥斯卡大奖，作品其实都与他所设计的百达翡丽手表风格相同。甚至直到今时今日，在日内瓦他自己的店售卖的珠宝，依然具备同样的特色。而当年铩羽的手表，今日继续前卫，成为拥有超级美感的超级罕品。

在Gilbert Albert腕表中，见得较多的是3424，也许看来比较"正常"吧！而且比较特别，它是唯一一款三种颜色的金和铂金都具备的型号。生产数量未得到进一步资料确定，但我判断总数最多在五六十只之谱。多数黄金3424均为银白面，2009年中我在佳士得看到不常见的香槟色纯金面。由于用上了这种处理，商标与从中心到边缘的刻度放射纹得以使用了硬珐琅，即所谓烧青字。 谁知道，这样的经典还是被挺多人喜欢的，我付出的价钱大约40,000美元。

拍卖纪录往往有表的编号，我们得以追踪某些表的来龙去脉。我特别查了一些特别的Gilbert Albert，有趣地发现它们也数次易主。前文说过的条形刻度的白金3424，原始物主是国际著名的摄影师及出版人，手表编号856904，2008年5月卖出的价钱是9.2万美元，一年后以11.1万美元沽出。另一只相信是孤本的铂金3424，编号857320，边缘原镶共重1.44克拉的26颗条形钻石，配铂金织带，2007年的成交价为6.2万美元，但执笔前刚以9.6万美元成交 。还是我常说的那句话，好表不愁寂寞！

百万元级的"简单"表

从夹板看到芝麻链

回到过去时

　　收藏古表，有很多种乐趣。如果不是把孔方兄看得比天大，而且懂一些机械原理，那这类收藏带来的乐趣是相当令人开怀的。例如光是擒纵装置，就有好多东西可玩，就算是擒纵装置内的小部件游丝，亦有各式各样的设计，找到筒形的或球形的会很开心。至于动力部分也是百花齐放，其中最为人所津津乐道的是宝塔轮芝麻链。

　　1994年，朗格起死回生，五件新作中在机械上最复杂的作品是"Pour le Merite" 陀飞轮。在此以后，这个品牌还做了加有计时功能的 "Pour le Merite" Turbograph。除了朗格，使用芝麻链做陀飞轮表的还有宝玑。芝麻链的好处，品牌都异口同声说是能够提供更稳定的动力输出。是不是真有这种好处？或者起码比弹簧发条稳定点？老实说我有怀疑。但是倘若我要买芝麻链手表，却肯定对此全不介意。我相信，每一个买芝麻链手表的人都这样想。

　　朗格铂金芝麻链认购热烈，厂方加码推出红金款式，限量200只，在数字上来说也并不算多。买芝麻链Richard Lange是为了机芯的特别，我并不想花更多的钱（差不多20万港元咧！）在表壳色泽上。前阵子香港到了红金的"000"号样品，送来给我把玩数天，使我更觉得是不是铂金壳都无所谓。许多品牌都强调铂金壳有多难做，我不相信做表壳的先进切割机器有那么多怨言，那么懂投诉，加工难不能成为价钱比各色18K金贵很多的借口。至于原始物料价格，铂与金现在已经很接近，也不是造成强大差距的原因。表厂真该学学Louis Vuitton卖高级表，铂金的跟黄金完全同价。

　　40.5毫米的表，戴在手上挺舒服。它的厚度其实与大三针的Richard Lange差不多，以平常心佩戴，忒是够惬意的好表。说起来，它的外表美过大三针，因为特制白瓷面古味盎然。它使用了朗格拿手的多层次白瓷面，并且以细小的红色阿拉伯数字分钟标记去除了冷的感觉，成为可以与最优秀古老表面比拟的作品。与此同时，比Langematik Anniversary更胜一筹的是，它的中央部分低陷一层，与再下一层的小秒针针盘构成三级，大幅增加了难度与美感。

　　此表的机芯很值得欣赏。四分之三夹板的三个窗内，可以欣赏到芝麻链的两个传动轮以及造工细腻的芝麻链。四分之三夹板外的擒纵装置，也有很美的presentation。人手雕花的上摆夹，有双鹅颈控制游丝的速率与同心性。螺丝摆轮下的马仔夹板，这次也有了人手的雕花。摆轮旁边有一根金色"龙虾须"，用作拉出表冠对时时的摆轮制停。基板上细细的鱼鳞纹装饰，使上方的这一切显得很华贵。朗格的机芯不会令人失望的，如果每件作品都像此表那么窝心，问鼎江湖的机会就会高比率增加。

路易威登有好表

正面的8字其实是活动的摆陀

背面可以刻上任何字眼或图案

　　许多人对Louis Vuitton的认识，依旧停留在随身包之上。其实作为现代皮具三大名牌之一，Louis Vuitton的强项是旅行箱。如果使用Hermes或者Chanel的手袋是高了一个层次的话，那在行李箱方面这两个品牌绝对无法看Louis Vuitton项背的。他们至今没有做过任何设计合理、外观美丽的旅行用具，让懂得享受的人乐于使用。我说的旅行用具，当然不是有两个轮子的on-board手拖箱。那种东西，只适合自由行的温州级城市大陆客。

除了旅行箱，Louis Vuitton的某些手表也异乎寻常地出色。

四年前，Louis Vuitton推出了他们的Tambour陀飞轮。采访初见到，我便惊为天人。那个时候的陀飞轮都只是为转而转，但Louis Vuitton已摆脱了意识上的迷惑，超前做出了既是真陀飞轮又十分美丽的表。我说此作品是"2005年最美丽的陀飞轮"，忒是锥心之论。

此表一直刻记在我心深处。所有朋友都诧异我竟会喜欢Louis Vuitton的表，我只觉得因为他们没机会细看过实物。结果有一天，这表真的跟我纠缠上了，某个大都会的LV专卖店得知我的喜好，几个月来特地依我的意愿再三修改设计图，我更为之着迷。订这只表的人，可以自由决定某些夹板的形状，决定采用什么金属，甚至决定在表壳表面及夹板上镶嵌哪些贵重宝石，价钱同为16万欧元。定做表就应该是这样的，什么铂金黄金，什么钻石绿宝，相比之下价值就不如独特创作或是贴身服务的存在。我其实已经最终决定了所有设计细节，而且差不多要在设计图上签上我的"大名"了，只是适逢此时，某个超级名厂在与艺术家与制表师扰攘一年后，同意为我做一只在技术上很复杂艺术上更很动人的表，才是20万欧元而已。金融海啸花钱要谨慎呀，穷稿匠梦想了几年几乎成为现实的陀飞轮就暂且搁下了。

最近，Louis Vuitton又做了一款很好的表，与陀飞轮一样每一只都是孤本。它名叫Mysterieuse，顾名思义就是mystery的设计，42.55毫米的大表中央有一镂空的小机芯，机芯伸延出来的时分针游走在机芯与表壳之间的透明宝石晶片上。仔细观看，机芯内的镂通夹板已是相当的美，难得的是这很袖珍的艺术品还有8天的长动力，正面的自动摆陀可随心意设计，它们宛如悬浮在空气中。凭借在Tambour陀飞轮上使用过的宝石基板技术，Louis Vuitton自然在这新创作有更大的作为。而且，Tambour表壳的边缘甚宽，将"魔法"藏在里面也是不难的事。只是，今日连"正宗"的表厂也不大肯花钱去创新，一个时尚品牌肯这样把心思放在复杂表上是令人肃然起敬的。

用宝石晶片作机械传动，说易行难。我等卡地亚的Santos 100 Mysterious钯金表，花了四年光阴，钯金市值大跌八成以上，定价涨了20万港元，方才到手。Louis Vuitton的这只表要多久才能实际上市，尚未知之。我只能祝愿，它做好之后，世界经济热过阿姐那"斟到泻"的热咖啡！

旅行的大师

1975年生产的3619两地时间表

为聚宝林表店做的白金两地时,限量45只

　　可能是差不多20年前的事了吧。那天我参加一个钟表拍卖会,看见有两个衣冠楚楚的人百无聊赖地坐在一边,好像只是进来享受一下冷气。到了某个标,他们两人马上精神抖擞进入战场,每一口价都即时紧跟,绝对地志在必得。最后此标以10万港元下槌,到手后两个人便呼啸而去。

　　好奇的我看了看拍卖目录。那是百达翡丽的白金两地时间表,蓝色表面钻石字,上面有两根时针。这只编号3619的表值那么多钱?那时候这数字可买三只不锈钢的 Daytona Paul Newman。

　　说起来,百达翡丽实在是制造旅人腕表的先驱。

因为他们旗下有一个Louis Cottier。

Cottier先生发明了世界时机械装置，时维1937年。乘飞机的旅行热刚刚开始，用此机械做成的表自然大受欢迎。除了百达翡丽，他还为江诗丹顿、劳力士及浪琴旗下的公司做过世界时间表。不过终究还是百达翡丽高瞻远瞩，很快就把 Cottier "包" 起来了。他为百达翡丽做的1415HU铂金世界时手表，是史上金钱价值最高的腕上时计，在拍卖里卖了超过3,000万港元。走笔至此，说一闲话。有个姓张的北京人说他花1,100万美元买了一只这个品牌的手表，在大陆杂志上广为吹擂，懂的笑死，不懂的吓死。

算起来，百达翡丽也就做过200多只用Cottier机械做的世界时手表，其中包括只有双位数的珐琅表面款式。但，世界时手表也有本身的缺点，就是老花眼的克星。1954年，Cottier受命开发了一枚机芯却有两个并排针盘的两地时间表，可惜只有两三枚流出市面，现在肯定是值几百万港元的经典了。

1956年，百达翡丽的工程人员研发成功了两针或三针的2597HS两地时间表。不过，现在史家们普遍认为这些表也应该算出自Cottier手笔。这款表的左缘有两个推钮，可以向前或向后推进时针。两针的款式操作主时针，三针的款式控制次时针，对频密旅行的人来说肯定比世界时手表更清晰易看。

Louis Cottier在1966年辞世。文首所述的3619在1975年诞生，在血缘上会是有所疏离的。它也同样是三根针，两根时针和一根共用分针。在需要调校第二时区时针时，可以用一根像调校万年历那样的小针杆推动表壳左缘的两个隐形按钮。有人可能觉得带这小针杆不方便，但我收到了Louis Vuitton送的一件小礼物，就是可以挂在钥匙圈上的调校针，顶上有美丽的LV风车商标。这个品牌没有要用小针调校的复杂表呀，他们竟做了让我感觉十分方便的旅行小工具！

3619的产量在10只之内，原因不明。它的机芯，与27-460及27SC同出一脉，品质之高是可以想像的。近年，百达翡丽用215机芯做了同功能的5134，边缘的按钮改为手按式，虽然有些破坏视觉平衡美，但使用起来方便了不少。2004年，百达翡丽为钟表珠宝名店Guberlin的150周年做了5134的限量版，黄金的50只，红金和白金的各45只，铂金的10只，正应150之数，算是5134中最有收藏价值的品种。2009年6月11日有一白金的在纽约拍卖成交，得39,600美元。

侧闻5134会停产，未卜真假。但215机芯的口径的确是太小了，也许更适合做女装表。

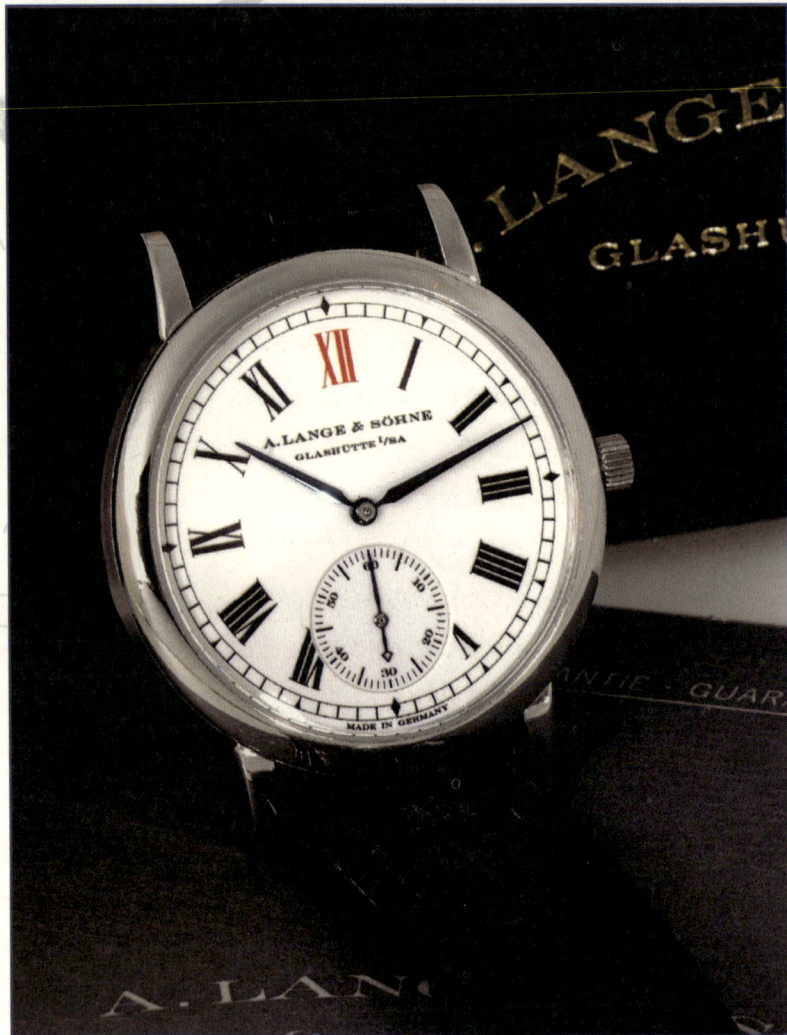

配有6时位置小秒针的朗格自动表

小三针也有罕品

朗格能在短短的十几年间出人头地，我觉得最重要的是既注重机芯打磨也强调创作独特性。从Lange 1开始，朗格就具有自成一格的味道，别人仿都仿不来。1994年朗格推出大日历之后，多数瑞士表厂都在学了，但提到大日历，人们还是先想起朗格。

我很有兴趣知道，为什么即使是简单的表款，朗格也会想出与市场反其道而行之的东西出来。市场上的自动表大多是大三针，他们就生产了自动的小三针表Langematic；市场上的人手上链都只做小秒针，他们就推出了著名的大三针Richard Lange。资深收藏者自然懂得欣赏其实也很美丽的罕有，朗格的这些"简单"表应该算是跻身于市场上卖得最好的少量"普通"表行列中。

从Langematic衍化而成的Anniversary，视觉效果跟百达翡丽使用240PS机芯的5000族系完全不同。Anniversary采用了相当传统的布局，即小秒针盘设于6时位置，有温文尔雅的个性。自动机芯使用这样的"正宗"编排，好像表坛已经没有了。其实，即便是百达翡丽，当年也以同样的布局见称。例如加起来风行了30年以上的两款自动机芯12-600以及27-460，都是6时位置小秒针。他们无疑是很有收藏价值的超级经典，我有好几个朋友已留心在市场上搜罗状态好的品种。最近我在拍卖里买了一只1956年产的2526，开心程度绝对不亚于"分"到一只5970。

在1975年之前的百达翡丽自动表中，2526最有代表性，它是人们心目中的"自动表王"。这只表称霸，主要原因是罕见的珐琅表面。也许由于这号召力，朗格的Anniversary也是珐琅面。此表在2000年面世，铂金的表壳，限量500只。由于设有凹陷小秒针盘的珐琅表面难做（新的芝麻链Richard Lange的珐琅面有三层！），废品量大，这500只表做了六七年才完成。它跟百达翡丽240PS那样，用的是珍珠陀。不过，240PS用珍珠陀是追求超薄效果，朗格用珍珠陀是为了坚持德国风格的四分之三夹板。四分之三夹板配珍珠陀是相当美的，我买不到Anniversary，但为此机芯买了Langematic Perpetual。

Anniversary的白珐琅面，除了有两个层面，还特别把"XII"字时标烧成红色。朗格首次参加公开展览，还在巴塞尔，那年就开始推出Anniversary。我拿在手上，有爱不释手的感觉。人同此心，心同此理，不论在金融泡沫还是金融海啸中，此表还是相当保值的。在接近完成制作限量的时候，它的定价约26万港元。但在国际拍卖上，成交价往往超过定价。刚过去的5月拍卖，就以过30万港元沽之。从2005年开始，我就想等机会买入一只便宜的，至今尚未如愿呢。

很美丽的"中国西藏面具"

最后的面具

2009年6月开始，纽约大都会博物馆有一个江诗丹顿赞助的展览，主题是"非洲及大洋洲艺术"。从日内瓦Barbier-Mueller博物馆借出的多款古董面具，也在展品之列。也许朋友们都知道，江诗丹顿艺术大师系列中的"面具"创作，从这个私家博物馆的藏品中得到灵感。

起码有人脸大小的面具，以微缩雕刻复制，放在表面中央。旁边有四个半透明的窗，分别以圆碟片指示小时、分钟、日期与星期。我没有太多人认识，自己在展柜前踯躅，遇到一对衣冠楚楚的夫妇，问我这些表是怎么看时间的。我逐个小窗告诉他们，还聊起了现在的手表市场状况，彼此相谈甚欢。最后交换名片，原来男的是摩根斯坦利的行政总监。

看了12款面具的原形，实在为大师的雕刻艺术倾倒。一个小锤，一个小凿，就将指甲大小的纯金面具栩栩如生地凿出来，还用出色的外表修饰使它变成原来物料的颜色。例如第一套中的辽国皇族殓葬面具，就镀成类似黄铜的颜色，上面的相同位置还有翠色铜绿。这款表，使整个系列生色不少。

面具系列从2007年开始推出，每年一套，每套四款，每款做25只。四款表，分别取用亚洲、大洋洲、非洲及美洲的古老面具。为什么没有欧洲？原来博物馆不收欧洲面具。我问博物馆现在的馆长Barbier-Mueller女士缘由，她回答说欧洲的面具没有深厚的文化根底，她先父Barbier先生及亡夫Mueller都没有收藏过这类东西。我有些愕然了。因为，去年百达翡丽刚好做了也是一套四款的"威尼斯面具"，使用的工艺既有雕刻也有珐琅。戴上面具演出的威尼斯街头轻歌剧，该算是欧洲有点名气的普罗文化吧。

随着大都会博物馆的专题展览，江诗丹顿同时宣布第三套即最后一套面具正式开始上市。珠玉在前，这四款很难有极大突破，只能说各有自己的特色。但老实说，由于历史悠久，三套表都是亚洲款式最美丽，上述的辽国面具、2008年的日本佛头、2009年的西藏面具，都有深邃的立体感与雄厚的艺术张力。江诗丹顿的公关部门很聪明，将西藏面具称之为"中国西藏面具"。是否我以后应该称自己中国香港人？

每一套面具，订价大概在300万港元之谱。然而，由于想买的人多，要得到一套可不容易。据说，就算是第三套，也早就在2009年年初售罄了。

只做500只的5000G

洗牌的结果

手表的流行尺码，无疑已经转大，并且已经定型。前几天百达翡丽候任总裁泰利史端对我分析说，现在的营养好，刚发育的少年已如成人的身形，人们的骨骼明显增大了，日用手表会在36~39毫米间定下来。这个预测，我觉得是十分合理的。过重的手表，不符合人性，而潮流永远无法取代人性。宝玑2009年用F. Piguet怀表机芯做了超薄大号手表，就是很出色的设计，时尚也舒适。

近日举行的拍卖很多。如果说这段时期是历史上最频繁的，相信也不会言过其实。如果想趁机会洗牌，改变自己的收藏主题，甚至把自己的藏品升级，这都是最好的时刻。我本以为，"杂"表价钱虽便宜，但可以趁机会套现买得以前难得一见的精品，也是值得的。但想不到，我心目中已不屑一顾的"杂"表，依然是很多人的明星。从2009年5月底的佳士得拍卖看到，"杂"表都能卖得好价钱。而且我还从中悟出了一个道理：别买定价50万港元以上的"杂"表，除非你是文莱国王的弟弟。这几个月，贵价杂表死得体无完肤！

不过，口径小的表身价还是有一定的减少，即便是经典款式的百达翡丽。3960便宜了，3940好像也有了折让。我曾经很想得到的5000G，今年跌入低谷。朋友霍兄，竟还买过一只低于10万港元的。5000G有很特别的造型，白针白字，特别是当时首次出现的5时位置小秒针，以及"简单"表首次配备的灯笼折叠扣，让人们大为疯狂。在1992年以后的几年里，它曾到达过22万港元的高峰。后来此表有了红金与黄金的其他版本，已无法得到炒家们的青睐。但，黄金版本在二手市场只值5万港元时，它还是值其3倍之数的。此表推出时，百达翡丽宣布的限量为500枚，但我相信1993年便停产的它，最终未必达到此数量。稍后面世的限量表5038G万年历，也宣布做500只，结果做了200多只就停下来了。

5000系列的生产期相当长。与此同时，使用相同的240PS珍珠陀机芯的5026也在1997年进入市场，使5时秒针的表刹那间多起来。5026有著名的Ref 96的平外圈，配宝玑体阿拉伯数字立体时标，看起来肯定更阳刚。两表的口径同为34毫米，属当年的流行尺码。与此同时，5026还有过四只一套的限量组合，配移印的罗马数字，共做130套，配备一个大皮盒。最近有人offer我一套，要价45,000美元。价钱是很吸引，但我已经很少戴这样的表，找了很久才买回来的5026P连一次都没戴过，还买来干什么呢？

Monard有少见的手上链大三针

来自黑森林

在巴塞尔再看H Moser & Cie，很喜欢。这个品牌的产量相当少，据玩家们说素质也不甚稳定，我是一直掉以轻心的。这次看了手上链大三针Monard，无法控制"过把瘾"的冲动，决定先买一只红金黑面的。

现在设立于与德国一步之遥的瑞士沙夫豪森区的 H Moser & Cie，和当年的Henry Moser有多深的渊源，我无暇考究。但看前者今日的手表，已俨然有大品牌制作的风范。第一代的作品Mayu，是三天动力的手上链小三针，人们陶醉于它的可拆卸分体擒纵模件，甫上市就有很好销售成绩。到了Monard，机芯增大，动力延长至7天，小三针换成大三针，动力贮存指示移到后面，视觉效果完美了很多。有朋友告诉我，现在Mayu很便宜，但看过Monard，又怎能走回头路？

Monard的41毫米手做表壳，有极流畅的线条。细细的外圈，令整体显出坚固厚实的德国风味。然而，更美之处在机芯。它的边缘，在灯下看得到螺旋纹拉丝，衬托得中间的条纹很有立体感。夹板上有条纹的机芯多如牛毛，但仔细看，方发现它是一宽一窄的排列。如果夹板的倒角再打磨得精细些，美的呈现就更完整。26石之中的两颗大红宝，是两个发条鼓的轴眼，以各有三颗小螺丝锁定的黄金套筒围绕，像在机芯上装了两只大眼睛。在中央夹板上，有7天动力的扇形指示刻度，每一格代表有一天动力贮存。压盖中轴秒针的小夹板和宝石盖，也附于其上。只可惜，压紧秒针部件的弹簧是用黄铜线制作的。

此表的擒纵系统是挺优秀的。松开两颗小螺丝，就能将以偏心形辅助基板的整组擒纵装置拆下来，方便修理，因为最容易损坏的就是这个部分。只是我不知道，修理时是即到即换还是依然照以往模式送厂维修，如果是后者就意义不大了。在擒纵装置上，有表迷喜欢的传统部件，例如等时螺丝摆轮、宝玑式上绕游丝和鹅颈微调。摆轮的"V"形上夹板以圆柱支撑，高高矗立在摆轮上，有古老怀表的味道。同时，它的擒纵轮与专利擒纵叉用实心黄金做成，我起码会觉得很华贵、很讲究、很好看。在摆轮旁边，有一条以人手锉成的弹簧，用作摆轮的制动。拔出表冠，它就会压在摆轮的螺丝上，瞬即制停摆轮。这又是很德国的风格了。

在佩戴的第一天，看到此表的夹板上标示六方位校正，我用电子测试仪测出了它的六方位准确度。在随后的日子里，我同时随身携带一枚在天文台大赛中得到极高分数的陀飞轮怀表，以作比较。结果，7天都走得很好，完全不用调节指针。对它的整体运作表现，我很满意。

第九号作品

Opus 9

2001年，Harry Winston推出Opus计划，以崭新的创意重新设计腕表。每年，Opus计划都与钟表业内最受尊崇的独立制表师合作，每一款 Opus腕表都象征着一段创新旅程，前所未有的合作带来的是突破性的顶级复杂腕表，亦是从未想像过的稀世之作。

Opus 9 腕表以简约设计与精确时计见称，将高级钟表制作简化至基本元素。透过腕表功能与款式的改革，重新演绎传统的制表技术，呈现出全新阅读时间的方式，完美而无懈可击。忠于Harry Winston顶级复杂腕表系列的独特理念，Opus 9 腕表结合创新技术与顶级钻石，以钻石排列的线条来显示时间。简洁、时尚的设计，造就独一无二的Opus风格，成就崭新与抽象的时计系列。

对 Opus 9 腕表而言，钻石并不仅仅只是装饰元素，它更具备阅读时间的功能。表盘以两条平行的钻石链来显示小时和分钟，取代传统的指针和圆形表盘。每条光滑闪烁的钻石链，均镶有33颗角形切割 (Baguette-cut)钻石以及3颗鲜艳夺目的石榴石（Garnet），以特殊方位显示小时及分钟。经过一丝不苟的安排，每一颗宝石均被精准地镶嵌于机芯的链条之中，在确保机芯运行准确无误的同时，也让Opus 9 腕表闪耀动人。链条以黄铜打造，设计目的是确保最佳的顺滑性，并将磨擦减至最低。宝石镶嵌师以品牌最著名的手法，天衣无缝地将钻石镶嵌于表盘上，降低金属底座的显现，简单利落地呈现钻石光芒，让钻石仿佛漂浮在半空中。

保持一贯简约风格的显示设计，链条由隐藏于表壳内具有强劲动力的自动上链机芯所推动。借着齿轨结合齿轮的运转机制，由横向移动持续驱动机芯装置，将时间显示由 360°旋转式显示改为180°直线式显示。这看似简单，但需要极度的平衡性与机械准确性来驱动钻石链的重量。虽然链条机械装置早已被运用，但镶嵌钻石后的额外重量却是全新技术和功能层面上的一大挑战。

极简而精密的雕刻表壳，在完美表现钻石之美的同时，也为机芯提供了承托的功用。以白金材质精心打造，特色在于其结构性的夹板，为设计带来技术和美学层面的稳定性。结构性夹板位于腕表的中心位置，成为一个插销关键锁，用以固定腕表的活动零件，提供额外的稳定性与防震能力。另外，透过蓝宝石水晶玻璃，可从不同角度看到链条机械装置和链条的移动——以一种充满诗意的方式体现光阴的流逝。

Harry Winston 与两位代表着顶级钟表制造的独立先驱，制表大师 Jean-Marc Wiederrecht和新锐设计师 Eric Giroud合作，创作出的Opus 9 腕表，成就了以建筑学为设计概念的惊人之作。这两位大师均是Harry Winston的长期合作伙伴，为部分最具代表的革命性时计系列带来重大贡献。而Opus 9腕表是他们首次合作研发设计的结晶。

JEAN-MARC WIEDERRECHT：于2007年度日内瓦高级钟表大赛(Grand Prix 2007)获得最佳制表师及设计师的荣誉。Jean-Marc Wiederrecht与Harry Winston的合作渊源始于 1989年制作的首款腕表——偏心万年历腕表 (Excenter Perpetual Calendar) ，其逆跳式指标和偏心表盘奠定了品牌在顶级钟表界创新设计的领先地位。 Wiederrecht先生本身为制造机械装置组件的大师，而这项具原创性的发明——Opus 9 腕表，以直线式显示时间，代表着设计师独特的创作灵感与概念上的挑战。

ERIC GIROUD：凭着建筑学的背景，Eric Giroud与Harry Winston共同创作了在美学上获得最高度评价的腕表作品，得奖设计包括双重上链机制陀飞轮腕表(Tourbillon Glissiere)。结合了美学与建筑艺术，Giroud贡献本身在结构理解方面的才能，将概念设计转化为实用功能。

Ralph Laurent的世界时间表有古雅的味道

美南的古风

在我百无聊赖的时候，曾数度应邀参观美国南部的几个州，留下深刻印象。这是很好地保留了英国风格的地区，对生活、对等级的讲究比英国尤有甚之。我不厌恶穿上Tuxedo一顿饭吃到子夜后的美酒笙歌，我喜欢高高的四柱大床跟浆得石板般硬的亚麻布床单，这些古东西可能在英国都没有了。相对的，纽约是浅薄，而美西是乡土，矽谷不打领带的那些新贵更只是农民起义的领导人在沦陷的废墟中踌躇志满，迷醉在从天而降的财富里还没懂得人生。说了这样长的一段废话，只是因为我一把玩Ralph Laurent的表，恍惚又回到了古风盎然的四个州。

说起来，我曾经很不喜欢Ralph Laurent旗下的Polo系列服装，它们看来只是做工不讲究的平民运动服饰。不过，最近在台北101大楼的品牌专卖店看到它们的三件头毛料西服，对线条细节与裁剪手工的处理已到上品订造服的境界，令我心动不已。售价大概两三万港元之谱，还算可以负担，可惜我刚在大减价的巴黎买了一批"廉价"服装，可能还没来得及穿已过时。这次的Ralph Laurent，令我有刮目相看的感觉。我想，以后逛街不要忽略了这个牌子。

在日内瓦看到新的Ralph Laurent手表，使这种感觉更加强了。本来，请我去参加历峰集团大老板鲁勃领衔的发布晚宴，我是有几分不情愿的。从日内瓦打来的电话再三说明，Ralph Laurent做的不是普通的时装表，而是所谓Haute Horlogerie，同时让我们杂志独家欣赏实物，我才抱着试试看的心理飞过去。结果，我跟我的同事都发现，Ralph Laurent的表好！

为什么说它好？在高科技充斥的年头，Ralph Laurent的表还是保留着古风，或者说是经典古董手表的加大版，令我立时联想起那美国南部殖民四州。由于鲁勃的权利，他们拿到了历峰集团旗下各大品牌，包括伯爵、积家及万国等最好的自产机芯，并且以缅怀旧日金辉的心情作出了美丽的手表。我的同事都喜欢使用伯爵超薄机芯做的大号两针表，够大但很薄，表面有精细的手工雕花，罗马字加黑剑针有王者风，骤看像卡地亚却有豪迈的美国风情，犹如娇艳狂野的上品波本酒（像那个当地旅游局派给我的美女导游？），黏上了就会每个毛孔都喷射出幸福，一醉就如虚脱两天站不起来。我自己最喜欢的，是使用积家机芯做的世界时间表，此机芯功能性能都佳，但积家从没给它一套像样的外表，以致我想要了20年都没买下来。为它换上新装的铂金Ralph Laurent，我拿在手上舍不得放下来！

不过，在未来的几年里，Ralph Laurent还没有在大中华区上市的计划。如果喜欢他们的表，还得到欧美去。2009年6月去纽约，我一定去品牌专卖店看我现在特喜欢的三件头，顺便"混吉"看表到了没有。

Scharf为摩凡陀设计的六腕表之一

艺术再来乎　炒风再来乎

从引入了包豪斯风格的太阳点无刻度表面设计开始，摩凡陀便定位为代表前卫艺术的品牌。

60年了，这个品牌的表万变不离其宗，无论外观设计改了多少次，圆点表面还是其继续坚持的特色。钟表收藏家、波普艺术之父Andy Warhol跟摩凡陀集团的创办人交情深厚，在逝世之前的1987年他替摩凡陀设计了著名的Times 5腕表。这款表由5只手表组成，表面上是五幅不同的纽约曼克顿岛街景，石英机芯。此表面世之时，正是第一次钟表泡沫开始膨胀之际，于是很快被炒到2万美元的价位。同时奇怪地，经历了数次钟表泡沫的爆破，它都保持在1万美元左右的身价。然而，不锈钢石英表值这个钱毕竟是有些匪夷所思的，趁这次金融海啸它又有了新调整，到现在大概只值三四千美元。跌到底了吗？我不敢置评，因为我的几个钟表收藏朋友都说想买一只。

Warhol限量表的成功，当然使摩凡陀见猎心喜，后来还连续聘请了5位现代艺术家设计了手表，而且都卖得很好。我记得，大概是1993年或是1994年的巴塞尔大展上，品牌展出了这个系列的最后一款表The Time of Our Children，便停止了生产。在以后的日子里，6款表都有良好的升值佳绩，直到今天也没有跌破定价。这样的结果已经值得浮一大白，连汇丰都被人"质"的日子，幸保不失已是难能可贵。

海啸来了。但摩凡陀重为冯妇，为艺术家系列添上新成员。这次的操刀者，是1950年代在美国加州出生的现代艺术家Kenny Scharf。他以时间为题材画了6张画，成为该品牌今年6只的限量表的表面。我对所谓现代艺术，一向兴趣不大，但我们编辑部的同事看了，都跃跃欲买，幸好临场介绍的人笨，说一买就要6只，而且都没货了，才没有破财。老实说，我不相信这样的年头石英机芯的钢表会销路那么好。

这6只表，分别命名为Movado Time、Blurple Time、Universal Time、Staring the Star、On Time和Time Flies，色调都相当缤纷，倒越看是越可爱的。我的一个同事，还看中了三款，买不到快快不乐。后来翻资料，知道它们各做125只，前面的10号组合成同号码套装发售，并且配特别盒子。据了解，此表不在香港发售，要买只能预备每只6,000元人民币，到大陆去买。香港奢侈品市场的地位危如累卵，于此可见一斑。

前卫者寂寞

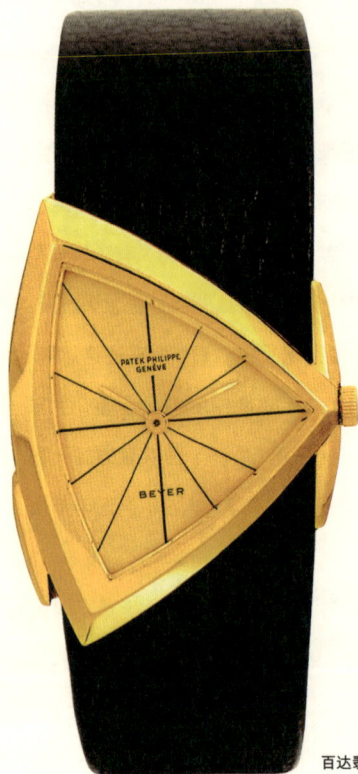

百达翡丽 3412

由于当时局势未明朗，2009年5月佳士得日内瓦拍卖的香港预展只以预约方式进行。我看中的都是老表，包括百达翡丽的2526及3424。2526是铂金，动辄百万之数，只可远观不可近玩矣。3424有两只，一只白金的据说是孤本，但我却不喜欢那条形刻度，宁愿是传统的放射纹。黄金配香槟面的款式，则说总共做了3只，价钱合理的话应该可以一偿多年夙愿了。

多数黄金3424均为银白面，这款拍品是不常见的香槟色纯金面。由于年月久远，上方有一道

18K金常见的漫迈氧化波纹。但，就出了用上了这种处理，商标与从中心到边缘的刻度放射纹得以使用了硬珐琅，即所谓烧青字。我觉得，氧化是好处理的，它算是符合我的要求了。

谁知道，这样的经典还是被很多人喜欢。我在电话里当仁不让，一直抢到过了估价高位。许多人说金融海啸能捡到便宜东西，这点似乎并不应验在我身上。不否认我在2009年"淘"到了不少好东西，但，价钱并非很理想。这只3424，我付出的价钱大约40,000美元（为方便参考，下文的所有金额我都照拍卖当天汇率转换为美元）。

不过，想得到一只由Gilbert Albert设计的表，是我多年的梦想。他的表十分罕有，造型也出奇地前卫，我在1992年出版的两本书上都说出了对它们的倾慕之情。不过表做得少，市场上不容易见到。3424是产量最大的，也可能只是三四十只之数。以它做突破口，也许我可以将整个系列收齐呢。

当年铩羽的手表，不再是箩底橙（同样生产时乏人问津停产后捧到天上的还有劳力士Paul Newman），反而是拥有超级美感的超级罕品，成为资深收藏者追逐的必然。从1980年代末开始，它的市场价值就没有低落过，就如上文所说在金融海啸也捡不到便宜。

除了某些只做一只（例如时值起码10万美元的788）的孤本，以设计者Gilbert Albert命名的百达翡丽手表共有四个型号，内部装置人手上链的23-300或者是8'''-85机芯。两款是Prototype，供销售人员巡回世界各地展示之用，包括了型号3412及3413。后者为斜面交连设计，产量甚少，我自己倒觉得是正经的款式；前者为倒放的三角形，愚见以为此乃Gilbert Albert手表作品中至精彩的。2007年年初，3412的易手价为9万美元，到了经济蓬勃的年底，便得到13.8万美元的成交纪录。2008年的金融风暴严峻期，它也能以9.3万美元沽出。此表总共做了7只黄金以及3只红金，不知道自己能否有缘得其一以藏诸金屋？

另外两个量产品中，见得较多的是3424，也许算是比较"正常"吧。而且比较特别，它是唯一一款3种颜色的金和铂金都具备的型号。生产数量未得到进一步资料确定，但我判断总数在五六十只之谱。3422的形状与之相去不远，较容易分辨的是左侧有个像三问拉杆的凸出装饰。这款表的产量共为24只，但奇怪地，它出现的机会离奇地少。在我的印象中，已经有四五年未见芳踪矣。

拍卖纪录往往有表的编号，我们得以追踪某些表的来龙去脉。我特别查了一些特别的Gilbert Albert，发现很有趣，它们也数次易主。前文说过的条形刻度的白金3424，原始物主是国际著名的摄影师及出版人，手表编号856904，2008年5月卖出的价钱是9.2万美元，一年后以11.1万美元沽出。另一只相信是孤本的铂金3424，编号857320，边缘原镶共重1.44克拉的26颗条形钻石，配铂

百达翡丽 3413

金织带，2007年的成交价为6.2万美元，但执笔前刚以9.6万美元成交。或曰铂金钻石的反而不值钱？其实乃链带之类。配有链带经典款式的往往令人有戒心，不管链带能不能拆！就以3940和3970这类表来说，配有链带的比皮带的贬值两三成是常见的事。

　　除了手表，Gilbert Albert的作品中还包括了没挂环的袋表。它们命名为Ricochet，在我的印象中有3种款式。顺理成章，1960年代手表已成熟，肯定会卖得不好，所以存世的并不多。它的尺码大概40毫米左右，其实很适宜装上线耳成为手表。而且，它的时值相当具有吸引力，值得将之一试的。如果还能买到百达翡丽原厂的25毫米款不缝线超薄鳄鱼皮表带，味道实在不是现今的流行款式可比。当然，这样的表一年才会出现一两次，有心的要抓紧机会。

能与Gilbert Albert相比的近代产品，有2008年停产的5498。此表为倒梯形的表壳，有越往上路越宽的感觉。它有红金与白金的两种设计，内装215人手上链机芯。当年我在巴赛尔看到就很喜欢，有一个资深行家知道Gilbert Albert的经验教训，向我大泼冷水，立判它必然卖得不好，结果一语成谶，它成为也许是2009年销量最差的百达翡丽男表。5498已于2008停产，存世数量肯定不会多，如果喜欢前卫设计，而且生命中还有时间等它像1960年代Gilbert Albert那样大幅升值，我建议不妨在市场搜刮剩余的遗珠。

我自己，已经很勇敢地"两色"俱全了。

(11/09)

Caliber 89

订制你的手表

人有了一点钱，就会想得到相对特别的东西。例如穿名牌穿腻了，会想让某个肯接受订做的名牌按照自己的需要（例如高高拱起的肚皮）做衣服。于是，订做西服、订做皮鞋之类，在不高不低的圈子里甚为流行，并且有人刻意鼓吹与标榜。某人说他一年会订做两套"煮番薯"，似乎这就是奢侈了就是富贵了。君不知更高档的名牌深怕影响形象，早就实行衣选人而非人选衣的策略，刻意淘汰身材有奇特风格的人士，不管你如何富可敌国。好的衣服是不用订做的，因为它们本就为既有钱也有型的人贴身贴心做好了。倘若能常常买Dior Homme、Bottega Veneta或者Roberto Cavalli等品牌的西服而且不用修改，那便证明你是真正天之骄子，三才中起码财材兼具。

三才共于一身，实在不是容易的事。强求无谓，临渊羡鱼不如退而结网。既说订制，我介绍朋友们一桩更好玩更富贵的物事，那就是订做属于自己的手表。人们都以为，手表只能到店里去买，买不到的就只能想办法炒。其实，所有品牌对贵客都有另一套策略，为你做你最满意的表。世界上的所有名衣名鞋，富贵不分先后，身家不论多少，最多拿个十万八万，就能帮衬一次。手表呢？没有一定的"贡献"，难得有大品牌肯替你订做一款表。如此看来，订制手表这玩意，应该值得富豪们好好想一想。

在时计是绝对奢侈品的日子，表本来就是要订制的。

许多人都知道的订表故事，发生在百达翡丽身上。

1927年，百达翡丽为美国汽车大王James Ward Packard做了有16种功能的怀表。其中较重要的功能，乃应Packard的要求以B. Godard写的歌剧Jocelun的一段音乐做了三问与响闹的打簧音调。这款复杂表，自然轰动了美国上流社会。另一位钟表大收藏家心有不忿，决定向百达翡丽订做了更复杂的表。他是纽约银行家Henry Graves Junior，曾在百达翡丽订制过许多表，包括在日内瓦天文台大赛中得到冠军的陀飞轮表。1933年，百达翡丽为他做成了有24项功能的怀表，最重要的功能是这位真富人指定的"可以在世界任何地方都能够看见纽约城当时的夜空景色"。此表的世上最复杂程度，直到56年后才被同厂的Cal. 89所打破。订表的价钱贵不贵？以百达翡丽档案馆的纪录，Packard的表作价15,000美元，Graves的表卖出价格12,815瑞士法郎。两位仁兄谢世后，Packard的表在1988年以约200万瑞士法郎易手，Graves 的表1999年在国际拍卖成交，得价约1,100万美元。都是很久之前的纪录了，如果今日再上拍卖，因为历史价值与名气，也许价钱胜过Cal. 89也不是没可能的。

百达翡丽 5016

今日，较复杂的百达翡丽腕表不易买到，人们得到一只已经很开心，别说功能的创新，就算表面色泽甚至刻度种类这些较普通的因素也懒得顾及了。其实，要买特别的表，不是限时限刻的事，花点耐性等等又如何？反正，这样的表原本就是逐只制造，以自己的口味加入特别细节，对厂方来说并不会有太多的麻烦。例如，在5016的表面换上特别的宝石刻度或者自己喜欢的颜色的印字，或者为5002装置自己希望看到的夜空，未必完全不可能，只要有耐心等。等是很值得的。想像一下，一个四川人能订到一只可以看到成都星月的腕表，岂不有了个乐不思蜀的理由？

另一个顶尖名牌江诗丹顿，还特别为客人设了工作室，处理订做腕表。他们现在主推的Quai de l'Ile，让客人选择不同的表壳表面组合，但其实尚未算真正意义上的"订做"。即使是东亚银行董事长李国宝最近花200万美元买的Tour de l'Ile，其实也不算。真正的订做，必须有自己的参与。2007年在巴塞尔，我看到百达翡丽展出了Suzanne Rohr的高徒Anita仿Gustav Klimt画作微绘的珐琅表Judith I，美艳不可方物，见过的没人不赞好，可惜Philippe Stern先生决定自留。江诗丹顿搞订做宣传，拉了Anita来上海，我要求她也替我画一幅Klimt，不过被她坚辞了，她说师傅规定，每个画家只能画一次。后来江诗丹顿为我找来Suzanne的师妹，同意画我想要的也是Klimt名作的"Danae"。不过正要开工，老人家已无法动笔，结果由师叔在病榻前嘱托晚辈Anita代行。兜一个圈又回到原地！除了工艺，此订造表还牵涉技术方面，我要求将陀飞轮调到后方，并且将横桥放到可见的正面。这一点，在21世纪来说已经是不容易的事了。结果，在双方的讨论后找出了技术上可行的同时我也接受的处理。这样买表，是不是很过瘾的事？

其实，有不少品牌是肯替有消费力的客户做的。我帮衬过积家、万国、芝柏、Hublot甚至Grand Seiko做独一无二的表，也买过其他人订制的孤本的表，那乐趣是难以跟他人分享的。很多朋友不知道，现在Louis Vuitton也在替顾客生产很高档次的表，包括由大师Christophe Claret手做的陀飞轮，还有设计精湛得我也拍案叫绝的长动力Mysterious。这两款表，有许多个细节可以照客人喜欢的特色做，而且不管用任何金属，用任何圆形宝石，价钱都一样。我开了一个订制档案，每次去欧洲都到Maison看看，喝了他们几瓶香槟，看了最新的设计改进，实在很享受那研究探讨过程。两款中较便宜的是陀飞轮，退税前乃16万欧元的消费。我想，订制几只没有雷同的好表，总比晕船的人买一只游艇来炫耀自己开心得多吧！

Academia Repetition Minutes Tourbillon GMT Antipode背面可见三问及差动陀飞轮结构

兵不血刃的牛死战

在腥风血雨中开始的巴塞尔大展，参观者少了很多。以往周六周日是"墟期"，呼朋引类抱猫拖狗的比比皆是。今年少了这些"闲客"，场馆也莫名其妙地空虚起来。10年前销售人员要走到摊位前拉客的事，不可思议地又来到眼前。凡事盛极便有衰，信然。

很有趣的事，金融海啸前成长得最迅速的，是挟"高科技"而来的"泡沫婴儿"。一年前钟表市场好景，许多人集资投入钟表业，以为做表就必然能像做百达翡丽那样赚大钱。他们没有传统艺术，没有熟练人手，捷径就是高科技，就是电脑工序。这样的新品牌不少，而在现代市场郁郁不得志铤而走险的老品牌也很多，形成了以高科技代替传统人手制作的族群。乍眼看来，高科技的表有前卫的外型，特殊的功能，好像是挺吓人的东西，不瞒各位说在下也为此花了好几百万。但细看之下它们很冷冰冰，没有百达翡丽的温馨人性，没有朗格的壁垒鲜明，像儿曹辈的游戏机多过一款可以代代相传的手表。我正努力地向人们灌输辨别"高科技"与钟表艺术的常识，谁知道金融海啸来了，"泡沫婴儿"们同时面临夭矢结局。我想做的事，老天爷先下手为强做了，还好可能把它们"一铺清袋"。

不过，既然海啸前就做出来了，也就难免在2009年的巴塞尔大展上露露脸。做"高科技"的复杂机芯，虽然无论多精细的部件一按按钮就可制成，而光滑的切面连打磨都省了，但还涉及一个要用人手把部件装嵌起来的过程。这类的表，虽然好像到处都是，但其实每个型号的生产量都不大的。等金融危机过去，人们的"伟而刚"药力一过，便不再受诱惑。我自己比较担心的是相当流行的高科技的"自产"机芯，它们有名厂的历史做加持，有传统的外观作掩护，许多人看不出其所以然来，容易被欺骗。这样的机芯，只使用很少的熟练人手，完全漠视文化与历史的存在，如果流行了，手表就会成为新一代的电脑和手机，与艺术绝缘，也与奢华脱节。我见证过（或者说主持执行过）黑胶唱片的沦亡，眼看着古典音乐逐步被淘汰，心之凄苦难以名状。我不想世存的唯一奢华艺术品也步此后尘！

所以，这次我推荐的2009新表，都是我一厢情愿地认为是保留了文化艺术传统兼且有发明创新的东西。

复杂表我选DeWitt的两地时间三问陀飞轮。DeWitt能不高科技吗？问题是此中付出的脑力与心智也不少，用人手精心打磨过的机芯也有盎然的古味。它是一只钛金属壳的双面表，两面各显示一个时区的时间，轻轻一按就可以翻过来。它的陀飞轮有差动装置，它的三问声音响得叫人惊讶，

Sauterelle 70

我认为它是该品牌最出色的创作，同时，为应付海啸它也设计出了一个令人意想不到的海啸价。定价"仅仅"300多万，老实说如果我在手上多拿两分钟，实难避免那7位数字的金钱在手上流出去。

除了这够复杂的表，剩下来的我就推介"简单"表了。这些表都以秉承正统为宗旨，做出很有艺术味道的表来。此中我最喜欢的，当属Chronoswiss的Sauterelle。Sauterelle这个字，乃广东话里的"草蜢"，普通话里的"蚱蜢"，代表了秒针的一秒一跳。跳秒表最常在19世纪的大八件出现，由于较易磨损的缘故慢慢进化成现在的渐进式。Chronoswiss使用双擒纵，用类似古代镰刀轮的第二组大号擒纵轮驱动跳秒，减低了损耗，也达到了大机芯大擒纵的美。它是人手上链的大三针表，现在有点名气的品牌都没做手动大三针，以至朗格的Richard Lange面世后大受欢迎，我看"草蜢"也会是另一个例子。很简单，我们去巴塞尔的team只有4个人，却有3个人订了它。余下一人，乃刚进公司的长沙小女孩。

Chronoswiss有跳秒，另一品牌格拉苏蒂则在调校时跳分。严格地说起来，名叫Senator Chronometer的它应该是本届大展中技术含量最高的"简单"表。为了让调校更精准，拔出表冠后它的小秒针马上回零，而分针则可以一格一格地调正，每步都有"咔咔"声，不会跳错在分与分之间的位置，能分秒都对准在天文台的标准。这表的整体外观都复古，但三时位置有一个较现代的大日历窗，它能在子午的瞬间跳到下一天。为了不会调错时间，它的动力贮存盘处还有一个小圆窗指示白天黑夜。从表面看它并不怎么样，但认真一想在小处下的功夫可以做不少"高科技"了。钟表艺术的绵延，就来自这孜孜不倦的细节追求。格拉苏蒂自闭于西方世界50年，但说醒就醒，而且一步跨越半个世纪，真不简单。

最后一只，来自日本的Grand Seiko。1969年，他们开发了36,000摆的机芯，名叫High Beat，展开了高摆速的竞争。高摆速的好处是明显的，那就是表会走得更准。可是，高摆速的问题也是明显的，那就是动力的消耗快，零件的磨损快。到了1980年代，所有高摆速的表都相继退出战团，除了附有计时装置的真力时El Primero。2009年，精工以新合金发条、镂通擒纵轮及带跟擒纵脚等新创作，再踏三万六领域，做出更准的表。他们的普通版本，准确度比COSC天文台表准一秒，而深绿面做200只的限量版，更严格限制每个方位的误差均在两秒之内。

说过以后只买百达翡丽了，但遇到好表总难罢手。这里的表，我最少会有三只！

百达翡丽与华人

百达翡丽 5130

在巴赛尔大展期间，刚好有安帝古伦的拍卖。除了有些项目偶然失守，多数都卖出相当好的成绩。王寂想要的百达翡丽5100J和沛纳海Zeregraph，都以高价成交了，后者还以该型号的历史新高易手。他跟我说，这什么海啸呀，比以前更贵！我很侥幸，"捡"到了梦幻铭器百达翡丽3448。说起来，以前卖100万以上的东西基本上都会出事，不论品牌型号甚难身免。这是买到顶级藏品的良机，我的许多鉴赏家级朋友都慨叹，大衰退如无物，大海啸如无物，现在最头痛的是以前要痴痴地等的贵价表如三水佬睇马灯——陆续有来喷。有朋友想买5016P，几天内竟有人替他找到了黑面全红字的Unique Piece，开价才460万港元，低过定价。他苦笑问我："海啸是好事还是坏事？"

我不懂得如何回答。工作太忙，我没有足够时间去"投资"，因此金融海啸只能伤皮肉而筋骨无损。但订的表来得快，市场上又有许多的吸引，就算是邓通也会有铜山采尽之哀。像广东人所说，懂得印钞票也要等时间风干也。一朝得志的土富豪，敢于不顾实际价值买东西，也就自然敢于不顾市场价值卖东西，同时"create"出新高或新低的市场价值。某位瑞士银行外汇操盘手花60万瑞士法郎在联合国儿童基金会的日内瓦慈善筹款晚宴买了一只百达翡丽6000T，结果很快就以19万瑞士法郎在公开拍卖，套现回乡种土豆了。这就是本非世家贵裔的"理无久享"们的悲哀：时或有用之不尽之银，时或无掷口盖棺之钱，一只脚在上海天上人间（知道这是什么地方吗？），一只脚在酆都九层地狱。他们的身外物，抛出来就是海啸中令我们奔波之事。市场上多了可买的表，账户里少了可用的铣，上帝也不知道是好事还是坏事。

一只高价的表，谁都不知道高峰在哪里，也不知道低点在何方。但是，普通价位即20万到50万港元的经典好表，总不会沦落到哪里去。以百达翡丽的限量表来说，从3960开始从没发生过跌破定价的事。所以，很多朋友努力地找这个品牌的限量表。既有好表戴，在银码方面又不虞有失，甚至存到银行做定期也没有同样的增长，吾辈并不奢求冒险的快感和赌博的机会，能这样已经算很满足了。

泡沫终于提前爆破了。行内的许多人，都在考虑起自1989年的百达翡丽限量表效应的来龙去脉。宝玑的一位副总裁很诚恳地问我，为什么百达翡丽不用做太多创新就能供不应求，很多顶级名牌包括他们自己费尽九牛二虎之力也不容易有寸进。我想，原因在于一个不好说清楚的本质，乃人们其实很拥戴永恒的经典，这种永恒的追捧甚至以惯性的行为存在。央视的春晚好看吗？我自己听到过许多的劣评，但抨击最烈的人还是乖乖地准时回到电视机前，边看边骂边期待下一年；一首新歌，刚播放时不一定每个人都觉得好听，但在不断地重复之后，很可能成为流行的大热门金曲。问题是：怎么能让消费惯性产生？像买百达翡丽那样。其实有不少人跟我有同样的百达翡丽惯性着迷症，同一个型号买齐四种金的。

百达翡丽做限量手表的策略十分高明，稍为贵价的就不限量。在我的印象中，每只单价超过50万港元的只宣布过一两次，例如5959，例如5104，但限量过后还是继续制造了。而令很多人趋之若鹜的是，百达翡丽不单做全球发售的限量表，也做属于某个地区的特别庆典限量表。年历表之中的德国Wempe、美国Tiffany和新加坡Sincere，就是只为某个国家的零售商做的表。而在瑞士本土而言，他们还给Guberlin做过两地时间表。由于被全世界的人追抢，这些表的身价一直居高不下。写到这里，朋友们可能会问：百达翡丽给中国人做过限量表吗？品牌对华人市场有足够的关注吗？不算中国人到欧美日买表，两岸四地的销售加起来，肯定是这个品牌的最庞大市场呀！

我自己希望收齐PP各种限量表，当然会尽量找各方面的资料。说起来，最早的限量但又没有具体数字的型号，是大约在1970年代末陆续出口到香港的3445G自动表，基本上只在香港买得到。它与其他同型号产品不同的特色，乃装置了透明表背，可以欣赏远比近代产品漂亮的47-460机芯。现在偶尔可在拍卖"执死鸡"，够运的话10多万港元就能买得到。为免鱼目混珠，买此特别表记得查看原厂证书或者是档案室副本。

有数可稽的第一款限量，应该是1996年为台湾总代理武祥成立25周年制造的3923R。它有两个版本：配备当时从没有过的红金表面的，做100只；配备白珐琅面红宝字的，做20只。难能可贵

百达翡丽 5296G

的是，它装置当时215机芯从没有过的透明宝石玻璃表背，令此机芯的运作首度出现人前。表背印有 "WU CHANG 20TH YEAR ANNIVERSARY"（武祥二十周年纪念）字样，明白揭示了纪念意义。这只表的限量虽然少，但也不是全部卖到消费者手上，应该有相当部分留下来送给支持武祥的贵宾。在下忝陪末席，获董事长刘费玉祥刘妈妈赠送了一只，珍如拱璧舍不得经常佩戴，至今还算是 mint condition。我知道，有朋友至今连封口胶袋都还未剪开，好可能没机会再佩戴！在历史上，红金面款只有一只出现在国际拍卖，而珐琅面红宝字则出现了3只，后者的2003年最低价成9,200瑞士法郎，一年后的最高价是21,850瑞士法郎，便是一入侯门深似海。我相信，今日的价值必定高过2004年的成交价。

　　1999年澳门回归，百达翡丽以5026自动表做了限量纪念表，由葡京酒店六福表行独家出售。5026的外型我一直十分推崇，认为它是原祖Calatrava的忠实重现。我1980年代末在纽约买的1932年产第一代Ref 96，外观线条跟它一模一样，只是5026的小秒针盘移到5时位置。从美学角度讲，这个布局不算有很好的视觉平衡，但人们觉得与别不同，而且也是direct seconds的不能改变必然，也就无可厚非了。可是，澳门回归版表面的相对位置上，有一个与秒针盘差不多大小的圆盘，印有回归日期"December 20, 1999"字样，正好营造了出色的平衡感，原本的些微缺憾一扫而空。此表有红白黄三种金，各做150只，几乎尽落当地政商名人之手，偶而才有一只流入当地的二手店。其白金版本最贵时曾炒到近40万之数，而且一出现就被人重珠买下。我买到的红金，价钱比新的5026P还高，店家着意分文不减。流通如此容易，也就从来没在拍卖上出现过。此表是百达翡丽历史上唯一一只与政治活动有关连的纪念表。

说澳门版5026是百达翡丽唯一与政治有关的限量表，对，也不全对。2005年，中国台湾地区出现了一款5110P世界时间表，此表的GMT＋8时区的时区名字，不是百达翡丽惯用的香港，也不是曾经出现过的上海，更不是红太阳升起的地方，却赫然改成台湾，并且印上独一无二的红色。此表的限量仅100只，据说是一天之间全部售罄。我相信加大一两倍销路也不是问题。直到今天，台湾5110P没有人放出过，无法了解实际市场价值，但我判断50万港元是跑不掉的。

2008年中国大陆第二家百达翡丽专卖店在北京前门23号开幕，厂方为此做了大陆首款限量表。人们对此寄望甚深，网上说白话的人言之凿凿，说是有北京字眼的5110，上辈子参加了义和拳的愤青们自是欣欣雀跃弹冠相庆。最后揭晓，它是只做28只的5296G。不管人们怎么想，为加强这只表的收藏价值，相关的人可是付出了最大努力，争取到了能争取到的最好效果。此表用了与5139相同的芋艿色紫白表面，相当独特。而在透明宝石玻璃上，还印有英文"北京 2008"字样。此表印有限量数字与独立编号，在百达翡丽的限量表中并不多见，唯一例外是日内瓦专卖店的2000年限量。头脑发热的人到处说此表会有十倍八倍的升值能力，上市前我明言告诉王寂，我预测不会超过百分之五十。由于人们的轻率胡言，张澍生兄以68万港元在四川赈灾义卖中买到一只，也为避人口实送了出去。他是我请来赴会的嘉宾，事情的结果令我也有几分欠了人情的感觉。此表极受欢迎，登记购买者是产量的好多倍，在下此次真的忝陪末席，拿到了最后一个编号。此表用了新面世的324机芯，品质在近二三十年来的百达翡丽自动表中表现相当出色。在测试仪上，它的运行呈一条直线，那是以往只在劳力士和真力时中方可见到的。

与其他国家相比，百达翡丽为中国人做的款式算多的了。余恐国人不知其详，特写此芜文作记。

依香港的新法例，此表的表壳是白色黄金，表面是蓝色黄金

特区性官员

香港最近通过了商品说明条例，在2009年3月开始实施。这个带法律约束作用的条例，对扶持日渐倒退的香港商誉有很好的正面意义。

可惜，制订这些条例，或许是那些基本教育失败之下的人。每次出入境，我就对那个"永久性居民"的字眼哑然失笑。这个"性"字，大概由于过分的压抑，达到有所忘怀的地步，以至常常要提醒自己。我想，哪一天这个"性"字永久"性"地去掉，一些香港人的中文水准就开始有救，撤回那份病危通知书了。

新法例中，对钟表珠宝业影响最重大的，是贵金属成色的说明。

我不否认，在一段长时间里，人们，包括这个行业的从业人员，对成色都是似懂非懂的。

大概十五六年前，我在报章写了一篇短文，谈了有关"K金"的比例。其中言及18K白金时，指出里面有75%的金。过了几天，音响界前辈阿二叔打电话给我，说问过景福打金工场的主事人，证明18K白金是75%的铂组成的。前辈的话，我不好当场反驳，虽然以前笔战很不留情面，但他毕竟是我在音响行业唯一敬重的两个人之一。现在，我想他早已知道我的说法并没有错。

铂跟金，是两种完全不同的金属。在1900年代卡地亚起用铂做首饰之前，这种金属是不值钱的。后来由此风行，也因为铂被发现其在汽车业的重要功能而身价暴升，价值变成在金之上。战后，低调收敛的华贵成为时尚，铂就更加供不应求了。这个时候，人们发现，在金里面加上银与钯，就会变成类似铂的颜色。而且，由于这种合金有金的特性，加工起来比铂容易得多，导致了白金日后几十年的风行。成分相类的合金，还有加上红铜的红金与加上青铜的青金。

可惜，铂以往在字典里译作白金，这就产生了一个认识上的误区，一个解说不清纠缠不完的误区。经过多年的努力，大陆已经有两个不同音的字，即"铂金"和"白金"将它们区分出来，而因为铂字不顺，粤语区的业内人也有"白金"和"足白"的说法。正在事情已经明朗的时候，我们的特区官员以立法方式提供了永久性的累赘性说法，我们的商品条例规定，必须标示白金、白色黄金、红色黄金字样。而且随着合金技术的发展，日后还会有蓝色黄金及黑色黄金。

这些官员们不知道，gold没有黄字。现在，欧美行内人已统一将黄金叫做yellow gold。

这些官员们也不知道，铂几乎没有可能以18K的合金方式出现。18K white gold，不会跟铂有牵连。

哀哉！特区政府性官员。

时分指针有悬浮在空气中的错觉

不贵的贵金属

最常见的贵金属是铂与金，近日广受人注意的还有钯。由于热起来，好几家表厂用钯做了新表。在我刚懂一点儿贵金属合金的时候，就知道无所不在的钯是一种很廉宜的合成中介剂。那个时代，钯的价钱与银相差不大，甚至还低一些。不过，在俄罗斯独立之后，这种物料因为几近垄断之故价格大幅上升，后来瑞士政府还修例将钯列入贵金属之列。经过成色检验后的钯金，可以凿上圣伯纳犬的狗头印记。

像铂金一样，钯金有它的加工难度，做起来比金困难，也因此增加了生产成本。同时，如果喜欢它的冷酷金属色泽，钯是粗线条豪迈的一个好选择，那种味道是白金甚至铂金所远远不及的，特别是在像我刚买的Santos 100 Mysterieuse这样的时尚款式上。

最早的Mysterieuse，出现在卡地亚的座钟上。用天然水晶做的透明针盘，有两根镶嵌宝石的金针行走其上，有悬浮在空气中的感觉。钟身用实金及各色宝石制成，也许是人世间最名贵的小钟。在拍卖偶有出现，成交动辄百万港元起价。大概15年前，卡地亚用此设计做了几只怀表，送到香港约"鉴赏家"们欣赏，在下恭逢其盛。初见那神奇的美丽，外观简单到尽内里却复杂之极的组合，便令我心如鹿撞。如果没有记错，它的价钱大概是50万港元，还连一条原厂的长链。那年头，买一只百达翡丽3998也只是四五万港元而已。

当年在SIHH看到Mysterieuse手表的试作品，我惊讶卡地亚的勇敢。表面只留下了很小的空间，我怀疑它是否能成为真实。那时候的展品，同是钯金，但周身密镶钻石，近百万的定价。我问陆司令可否替我做一只无钻的，他答应了。经过许多周折，这只连钻石版只做40只的表终于来到手上。表虽大，戴在手上倒挺舒服。 由于厚，两根针的自由悬浮感显得更强烈。高透明度的晶片，甚至可以看到手腕上的毛孔，真过瘾。透明的针盘，占了表面的大部分位置，可惜不能看到机芯的布局。从文字资料知道，它的81003S方形机芯，宽度为34毫米，看起来运转机械只能缩在表冠一侧的四分之一位置内。这组与昆仑Golden Bridge相类的机械，有19石，每小时21,600摆，三块夹板上刻有日内瓦条纹。机芯上的三轮和四轮，与宝石晶片边缘的齿连接，完成神秘时间指示。不大的发条鼓，除了要驱动摆轮，还得负担旋转宝石晶片和贴在上面的蓝钢指针的重量，在技术上是不容易的。

钯今日已不贵。2000年每盎司1,100美元，现在是240美元，差别极大。但，这是卡地亚唯一的钯金表，不要考虑金属的价值了。

美丽的立体球形月相

全没指针的表面

无指针的多功能

2006年，我就向The Hour Glass订了当时还是新作的笛彼都DB Digitale。等了几年，价格从40多万港元加到70多万港元，通知我3月份能送货了。谁知道，厂方说要3月份又要再加10%，此一惊非同小可。幸好，我买的那只1月份已经谈好价钱，不在加价之列。

手表到了，我发现自己的老花比以往更严重，因为订的时候并不感觉看起来有困难的。此表设计简约，所有指示都在窗内呈现，no dial no hands。它的外壳为"Ω"造型，横向口径42.8毫米，厚度14.6毫米。它的表面，刻上了垂直的日内瓦条纹。6时位置是跳字小时窗，与之相配的是弧形的分钟窗。这是指示方面的第一项复杂功能。第二项，是我倾心一往的三历平行密排横窗，这是史上第一款使用此设计的手表。"一字并肩"排列，想来容易做来难。笛彼都的处理，是将圆形星期碟与环形日历同轴，而月份碟则有自己的轴心，它们的两个红宝石轴眼就在横排三历窗的两边。笛彼都的平行密排三历还有自己的"独步单方"，它的日期转换，为即时瞬跳设计。一到零时，三个排列在一起的碟片会同时跳到下一天。这种景象，实在恢弘大气，看了很舒服。

翻到背面，它又有另一番景色。传说中的立体月相，就可以在表面看到。皇家蓝色的表面，是已经不能清晰地在视线里出现的美丽苍穹的缩影。上面有许多的小金星，幼时曾观天的朋友当能随口说出上面的某些星座的名字。用铂金做的小圆球，半边镀上蓝金，由锥形齿轮带领着垂直转动，很优美地展现了月相的风采。笛彼都以这款月相最先赢得了世人的瞩目，如果不多在作品上使用，应该是很可惜的事呀。

写到这里，朋友们大概已经可以领略，这枚看来极简单的笛彼都腕表拥有多种复杂功能，计有跳字小时、三历平行密排、三历同时瞬跳、立体球形月相、六天动力贮存等等。这些功能，都是肉眼上实用上感觉得到的。但其实，在前后双表面之间，还有不少笛彼都独一无二的专利机械设计，例如钛铂组合子弹头砝码开口摆轮，三重落体 (triple parachute)抗震装置，使机芯带有品牌自己的个性。如果说，不能看到这些昂贵的机械部件是遗憾，我却衷心崇敬笛彼都在看不到的地方也不惜工本的苦心。那原本就是瑞士钟表业的数百年传统！

宝齐莱使用了新机芯制成的Patravi EvoTec DayDate

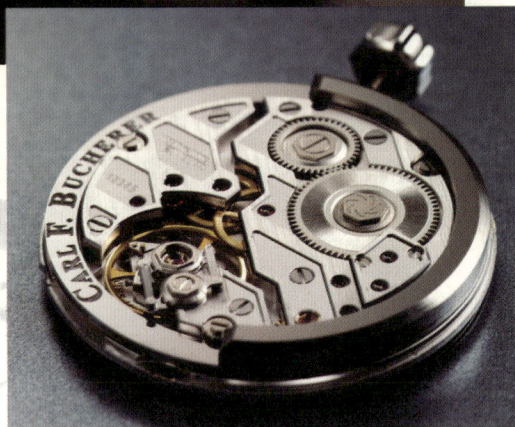

CFB A1000新机芯

边缘上链　再见人间

我很喜欢百达翡丽的350机芯。

350机芯在一代自动机芯铭器12-600以及27-460之后出现，可见百达翡丽对它的寄望之深。这款自动机芯的最大特色，在于使用了环形路轨式的上链砝码。它游走在机芯的边缘，可以很清楚地欣赏整体机芯布局。这一点，在现今流行的透明表背来说尤为重要。在350机芯面世的初期，有人说它的上链性能不好，我觉得这是安装的高难度形成的。因为机芯没有很好地在表壳固定，只靠表背上的表冠一发锁全身，有较大的震动便会移位，造成上链砝码与表背内侧的摩擦，结果上链就有阻滞。后来，百达翡丽推出了改良版的1-350，修改了传动装置，但固定问题依然没有解决，于是停产了。我十分喜欢此表的设计。因为，连表冠都隐藏了，平衡美感得到进一步强调，看起来更顺眼。1970年代的许多电子表经典，都异曲同工地将表冠放在后面。它们原本的用意，只是宣示准确度高毋须调校的好处。嗜美如命的在下，却看中了那超脱的平衡。

2009年初，宝齐莱自己开发的30法分29石侧缘上链自动机芯CFB A1000面世，制成Patravi EvoTec DayDate腕表。这款机芯，虽然没有了我喜欢的背面表冠，但将350的结构再次奉献到表迷面前，这是很难得的突破。制表业近年算是有不少的自产机芯推出来，但像宝齐莱般的诚意，实在屈指可数。这款机芯，使用了强力的避震系统，着意针对350机芯当年的移位问题。而与此同时，它的双向上链及双重调校装置，令动力与控速头尾两方面都达到高水准，并有55个小时的动力贮存。装置这枚新机芯的腕表，表壳为不锈钢制成（将有红金巧克力面的版本），外圈为橡胶，口径为44毫米X44.5毫米。在哑黑色的表面上，6时位置有一个特大的小秒针盘，一下子就把人眼球吸引过去。我尤为喜欢的是左上角特大的日历窗和星期窗，它不单看起来清楚，还没有了现时常见的大表小日历的毛病。听说，此表的定价暂订在10万港元之谱，会在2009年底上市。

宝齐莱收购Techniques Hologers Appliquees机芯厂之后，肯定会加强开发新机芯的力度。这个很受中国人喜欢的品牌，无疑会迎来新的好光景。宝齐莱这个中文名字取得很好。因为中国人购物时豪气一出，必然要用东西南北各省普通话说三个普通字：

包起来！

Jules Audemars腕表用了爱彼擒纵

海啸中的繁华复兴

2009年的SIHH，在一片腥风血雨中进行。

金融杀戮战场上，壮烈地牺牲了许多人。这些人是华贵品市场的火车头，一旦火车头死了火，列车就会瘫痪。现代华贵品中最重要的一环，应该是钟表珠宝。SIHH展出的品牌，不单钟表有名，珠宝也见着，风头火势，影响当然是很大的。

参观SIHH的人，多数缩短了行程。当然，看起来更扎眼的是，来的人也少了很多。以往鱼贯而出的大陆媒体或是经销商，已经不易碰到。而经销商更是少了九成。看到颇为稀落的人群，我就想起10多年前的情景，品牌都要站在摊位前拉人，拉得一个是一个。很多人在欷歔，然则没有潮落又哪有潮涨？

面对严峻的市场局势，卡地亚集团的新任行政总裁Bernard Forna先生在接受CNN访问时说过："真正的华贵品将会卷土重来。"这说法，正与我想的不谋而合。

在经济蓬勃发展的过去几年里，假华贵品充斥着高消费市场。傻头傻脑不知道钱从哪里来的人，豪气干云，什么东西价码最贵就买什么东西，是许多品牌以胆量作定价的最主要因素。特别是在大陆的某些地方，华贵物品已经在人们的生命里消失了半个世纪以上，骤然富起来的贫下中农根本只懂得数字不懂得品位，以为价码高的东西就叫做luxury，就可以表现他们的身份。这种情景，使本来在做luxury的品牌也只能跟着沉沦，不理性地全力提价。而且难以置信地，价钱越高卖得就越快，这个市场像是永远吸不满的海绵，使做贵价货的人都跨踌满志："想暴富，去大陆！"

不过金融海啸来了，事情有了急转直下的转变。我没在海啸中独善其身，倒搭上了通往进入灾区的尾班车，但对这转变乐见其成。因为，金钱的损失是小事，反正货币又不是我印的，也不是家父留给我的。看到今天人们被迫认真地做好表，或者做其他华贵物品，却不由自主地很开心；看到好东西用在本来就是人类精英的人身上，那更是开心中的开心。这个世界，正在拨乱反正！

路遥知马力，疾风赏劲草。此时此刻，是考验实力讲究根基的年头。以往颐指气使的人，现在不知所踪，不是躲起来避债就是进入反贪腐的监牢了。其实，大款大腕们本也心知肚明，来源不正的钱不得久享，花得一天是一天，用得一时是一时，才有价高就是华贵的概念产生。甚至，在所谓奢侈品的展览里，越贵的东西卖得越好。这种情况，常常叫人哭笑不得。

聪明的上帝，用海啸结束了人世间的不知所谓。从供方到求方，都要有所收敛。在这次的SIHH，看到好的表已在品质与美感方面作出加强，而定价也日形合理，特别是大陆市场的价钱更

Radiomir Egiziano - PAM00341

合理。这次金融危机改变了奢侈品市场的消费者结构，也自然地要改变奢侈品市场的消费品内容。每一次倒退总会带来另一次前进，每一个危难总会衍生出一个机会。汰必须唾弃的弱，留值得讴歌的强，将是未来两年的趋势。在暴富消费的时代，产生了不少伪名牌、伪名店甚至为之张目的伪奢华书刊，现在都是被淘汰的时候了。

这几年表坛出现了一个新东西，叫做"高科技"。有关这种伟大的东西，我日后专文细说。一路走过来，我曾迷惘也曾糊涂，今日会偶而花几十万港元玩玩这类新东西，表示吾心未老，但终究还是回归纯朴，着迷于人手制表的传统艺术。这次SIHH看中的表，主要是以传统工艺做的表，我在这里选几款谈谈。我不否认，此中部分或许有"高科技"制作的成分，但瑕不掩瑜，表的整体还是好的。

高科技染指复杂表甚广。聪明的品牌，会将先进微机技术做的部件用人手再做精细打磨，看起来十分精彩。我们不能要求每个品牌都成为Villeret或者是朗格的，有时候也要接受让结果很不错的捷径。说起来，2009年我最喜欢的表，应该是爱彼做的AP擒纵。它采用了双游丝的大摆轮擒纵，速度达到手表史上最快的每小时43,200摆，乃自1969年以来的第一次突破。它的各个部件精雕细琢，布局均衡整洁，用作日常佩戴忒是不错。而与此同时，爱彼也用相类的手工处理做出了镂通机芯的陀飞轮计时表及小时跳字三问表，成为这次SIHH的口碑大赢家。

万年历手表是三大复杂功能之一。这种机械装置，现时还买不到"大路"机芯，所以多数只能自行开发。2009年很引人瞩目的，有万国达文西系列的万年历计时表。以往的达文西，虽然成就斐然，但毕竟取用了Valjoux 7751为基体，不算完全自己的作品。这次的新作，采用2008年品牌自己生产的计时机芯，在上面加上万年历模组，成为出色的复杂表。更为难得的是，此表的月份与日期均为大窗，并且是子夜瞬跳，很简洁清楚地指示了本来很杂乱的数据。与此达文西有相同功能的江诗丹顿Patrimony，用了很经典的Lemania基体，但这构造从来没有鉴赏家抗拒。它的构图，我认为比以往的Malte优异，而且更有传统的古雅。再一款很好的万年历表，是使用了陀飞轮控速的Master表款，我在北京预报时以为此惊艳。它的黄金限量版，采用了矽的擒纵。

艺术的重要性，也在几个品牌中展露出来。以立体浮雕、螺钿以及珐琅做出来的梵克雅宝华贵表，有陀飞轮及自动表的两种构造，每种机械构造各有四个主题，分别是法式花园、英式浪漫花园、东方花园以及意大利文艺复兴花园，我最钟意的是自动表中的中式山径凉亭。另一厢，积家也用微绘珐琅做了多款三问表。多款经典油画，被仿画在表面上，只留下一个窗看打簧锤。我最近迷上了微绘珐琅画，希望有机会选中自己喜欢的画图。

有两款"简单"表，相信是未来的争夺项目。一是朗格的芝麻链Richard Lange，一是沛纳海的PAM341 Radiomir Egiziano。这两款表肯定难得一见，我不煽风点火了，就写这几句当注脚。

采用4400新机芯的2009年新款

出色的新机芯

当大多数品牌都宣称做成自产机芯的时候，我看到了又一款继爱彼3090之后很令自己满意的量产人手上链机芯：江诗丹顿4400。

我的取决标准很简单：相等或者好过百达翡丽的215，就能令自己满意。有朋友可能会怀疑，215推出20多年了，这段长时间就没有别的好机芯吗？只有这两款？

今日制表师都胸怀大志，除非不出手，一出手就要举世刮目相看。特别是如今电脑科技发达，精密机器性能高售价廉，就没人愿意乖乖地潜心做"普通"的基础机芯了。APRP给Richard Mille引出了一条新路，这条路现在越来越多人走，几成江湖一派，如今这派以P厂及B厂领军，与传统制表业互成犄角，我尊称他们"高科技"派。在某种意义上说，这一派比传统派更得高消费人士的欢心。因为，他们的产品总有令人眼界大开的感觉，而且价钱也高得令人侧目，名气就很快打响了。

在这种情势下，江诗丹顿推出秉承基本规则制造的新机芯，就令人有古道未颓的感觉。

其实，这个品牌前几年也做过自己的手上链机芯1400。但我觉得，1400对我来说是未能完全满意的。我看过此机芯的制作组合过程，认为长远来说不算是理想的作品。其中引以为憾的是，此机芯除了口径小，基板与夹板都薄，很难有更大的发展空间。与此同时，就算想进行更精美的修饰，也会因结构问题投鼠忌器。事实也证实了我的想法，许多年了，1400没有很多的发展。

4400的口径增大到28.50毫米，这是人手上链机芯的较大尺码，适合更高标准的调校控速与打磨装饰。它的动力贮存达65个小时，也是量产手上链机芯中比较长的。尤为重要的是，这款机芯的结构，可以进行符合日内瓦印记标准的各种精细处理，使它成为收藏级的珍品。

这款机芯，先装在38毫米的Patrimony Traditionnelle红金圆形表壳内。恰到好处的大小，戴几十年也不会过时。甚至，我们可以在其中看到半个世纪前机械手表黄金时代的光辉，那种true luxury的味道今天已不容易看到了。它的银白表面，有条形的时标配尖剑形的时分针。它的6时位置有画龙点睛的小秒针盘，令全表的古雅味道喷薄而出。

刻上日内瓦印记的机芯，当然值得用透明表背将之显示。喜欢表的几个朋友看过它，都说产生了拥有的兴趣。听说，它的售价将在10万港元左右，你觉得与百达翡丽5919比起来如何？——我的COO梁春明说他会买一只。在下大情大性，我要买的表，你想好才跟。梁精打细算，一块钱当五块钱用，他都舍得买，共同进退是绝对的没错。

紫红石榴石表面的Day-Date

不半的半宝石

现在，劳力士卖得最好的是各种运动表。但，真正的经典还是香港人叫做"金劳"而台湾人叫做"红鲟"的Day-Date。

50多年前，Day-Date面世。12时位置全写的星期名称，令人们眼界大开，并因为美国总统艾森豪威尔的佩戴有了"总统"的雅号。这款表只有贵金属的版本，属于劳力士自动表中的顶级型号，几十年来常青不衰。有人说此表太招摇，其实它标榜的就是奢华风格。奢华的东西要收敛含蓄？别开玩笑了。

2000年，Day-Date有了新版本。它的打磨搭配改变了，看起来更锋芒毕露。而在另一方面，它的外观轮廓变得浑圆，又是另一番敦厚的富贵。我觉得，这是半世纪以来线条最好看的Day-Date，所以几年来买了好多只，连昂贵的50周年纪念版都买了。相比于市场上所有其他品牌的表，Day-Date是超值的。如果对表有相当认识，相信不会反对我的说法。你可以不喜欢它，但它的合理定价，在现在的世界已很少有。请看，连金链带的Day-Date有劳力士的自产机芯，光是链带便有几两重的金，打过折之后才十几万港元，很优惠。如今，许多"路人甲"品牌的ETA肉金表也要卖同样价钱，我宁愿买劳力士而被识的字不多有的钱不多的"雅士"们讥笑说庸俗了。

为了有特别的视觉效果，劳力士做了不少用semi-stone做表面的款式。比较普遍的，有黑玛瑙、虎眼石、青金石及孔雀石四种。所谓semi-stone，人们多译半宝石，其实算是软宝石。因为，某些这类宝石的价钱并不"半"。劳力士特别找了各种色彩斑斓的软宝石，使表看起来与别不同。事实上，由于都是天然宝石，每一只都是独一无二的。像各色石榴石、碧玺石、珊瑚石、砂晶石与木化石，就不单美丽而且相当昂贵。此中我很喜欢碧绿色带血筋的所谓"基督之血"，配在黄金表壳上很好看。用软宝石做表面的表，最好不要有任何小时刻度，使宝石的美彻底展现出来。即使为了与星期跟日历窗达到平衡而必定要有，我想设在"6"及"9"两个位置已足够。在我收藏的多只宝石面Day-Date中，除非是极罕有的石种，否则都以无刻度及少刻度作取舍标准。

2008年，41毫米口径的Day-Date II面世。更大的面积配宝石面会不会好看？我在拭目以待。

2092－美丽得有些妖艳的大口径镂通表

特别之地　特别的表

最近，江诗丹顿在上海开设了销售展示服务中心，我在那里的餐厅主持了一个小宴会，觉得享受之至。原址是一个有百年历史的四层双子别墅。经历过第二次世界大战与十年动乱，它虽然残破不堪，但根基稳固柱石坚牢，屹立在繁盛的淮海中路的静静一角。作为历峰集团建都上海的庞大计划的一部分，双墅的其中一幢由江诗丹顿得到，并付重金装饰修缮复原。经过长达一年的工程，江诗丹顿大楼开幕。常听人们说要到某某地方看表店，这个大楼完全不是什么表店，而是爱表人舒恬人生的一节。它叫人终于知道，什么是华贵与精致，什么是艺术与文化，原来生意也可以高雅，原来买卖也可以和谐。你知道吗？我一进入这里就感动，就觉得有回家的感觉。过去一年，相关的人夙夜不眠，殚精竭虑，方得到这样的非凡成绩。朋友说，大楼某部分用了我的思维，希望我不要见怪。但，我怎么会有不满？只会对此自豪骄傲。

为庆祝大楼的开幕，江诗丹顿特别做了一批限量表，只在这里出售。大楼穹顶的多色镶嵌玻璃，太阳中天之时焕发迷人的缤纷色彩。这个在欧洲教堂常见的美景，成为三款新的珐琅表的创作灵感。它的基本设计，为著名的Royal Chronometre。原本的表面，改为以掐丝珐琅、内填珐琅及真金浮雕组成的图案。三款表的个性各有不同，因应用的工艺不同而各具特色。现在，其中最有中国味道的蓝色款已开始发售。此外，资深收藏者该留意的是用库藏古老怀表机芯做的复杂表。由于机芯够人，造型便有特别的发挥。它们是背垫的形状，表冠设于左上角，戴在手上很舒服。由于表冠设置在与寻常不同的位置，表面的布局便令人赞叹。此中有小三针表，有万年历表，还有相当"妖"的镂通机芯表。我当然对后者一见倾心。特别的表放在特别的店，留待特别的人，本身就是传奇的浪漫。

我开心的是，这里有我找了很久的江诗丹顿袖扣。急不迫待，虽然马上要动身去日内瓦了，我还是在离开时买了一对红金镶钻的1972，付重税就付重税吧。这对袖扣太漂亮了，以至我一下飞机就去了他们的Tour de l'Ile总店，再买了一对Overseas和一对Malte。江诗丹顿不把袖扣卖到香港来，是一个损失呀！

相当罕有的3990G

方圆枘凿有讲究

计时表有圆按钮及方按钮两种设计，我自己一贯喜欢前者。

就因为这个缘故，百达翡丽的5970甫一面世，我就急急忙忙地去买了当时快要停产的3970。

对方形按钮的厌恶，也许是因为自己曾热衷于收罗古董手表。经过了时间洗礼，两种按钮的优劣很容易看出来。圆形的磨损，相对的会低很多很多。方形的除了有锐利的直角，还有平面跟平面的摩擦，所以很多古老方按钮计时表的按钮都"摇摇欲坠"。我知道，今日的计时表未必如此，甚至这个功能也并不常使用。但，心里的成见也不会说没有就没有。所以，我的所有朋友都诧异我的藏品里竟没有5970及5070。现在是想买5070的，不过已相当贵，而且不想常常帮衬炒家。

在巴赛尔看到5971，即刻情深一往。朋友们都知道，5971只是5970的方钻铂金版，依然是方按钮。但，有了方钻外圈之后，方按钮便如天作之合，配合起来十分顺眼，你会发现所有的细节都是理想的必然，无论换上什么都会大为逊色。我不敢犹豫了，真的死皮赖脸快快快买下一只。

上面对表的形容，可能有朋友说会过火，但请看我分析。圆按钮的3970，也有一个配方钻圈的版本3990。我喜欢圆按钮，但配在方钻的3990上就突兀。有人说，5971会让3990水涨船高，我并不很同意。起码，我完全没有得到它的意欲。百达翡丽的镶钻是顶好的，但3990那圈方钻全无画龙点睛之效。与当时同定价的表相比，我肯定会取没有钻石但多了一根秒针的5004。

在拍卖里，3990并不是抢手的东西，可见与我同想法的大有人在。过去几次，都有不同版本的3990流标。2008年10月，也有两只推出竞投。苏富比有一只黄金黑面钻石字，估价低位140万港元。安帝古伦有一只白金黑面，是比铂金还少见的罕品，很可能是历年进入拍卖的首只，估价155万港元。说起来，价钱不算不合理，但很可惜地两只表都无功而还，卖主浪费了几个月的时间。

我不否认，此中有部分因素是金融海啸带来的负面影响。至于影响大不大，我想对这种少见的表来说只是伤皮不伤肉。2008年12月初，百达翡丽计时之王5971P将首次在香港拍卖，估价低位是200万港元。金融海啸是否对钟表收藏市场有重大杀伤力，看它在这时期的表现如何了。

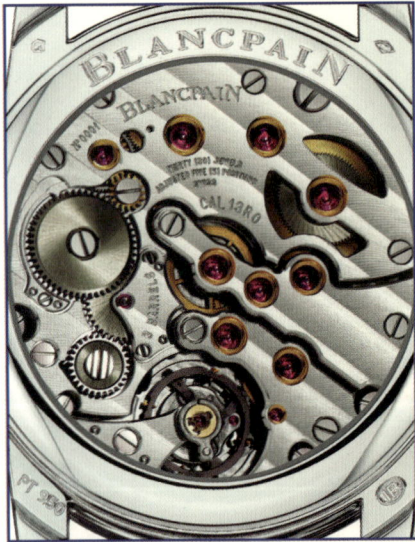

机芯美艳不可方物

宝珀的新款铂金八日链腕表

不宝珀的宝珀表

看了宝珀的Le Brassus系列的新表8 Jours，我的感觉很强烈：他们不是原地踏步的厂家。宝珀差不多最早有8日链手表，他们做出了最新的8日链新机芯13R0。用这新机芯做出的铂金表的简约，造型一反宝珀常态，我看图片已倾心。结果，在它出现在我眼前之际，义无返顾地就买下来了。

42毫米口径的铂金表，相当厚重结实。它的表面是小小的罗马数字时标，让叶形的大三针显得很突出。分为8格的动力贮存指示盘，大大地昂然设于12时位置。至于日历窗则设在6时处，与印于其上方的品牌商标配合得好和谐。这个日历机械是新的设计，可以前后调校。

表背有透明宝石玻璃，可以看到比前面还精彩的机芯。该机芯为13½法分（30.60毫米）的口径，厚4.57毫米，有包括30石在内的211个零件，摆轮每小时28,800摆。能达到8天动力，全赖3个串连运作的发条鼓。他们轮流上链，也轮流输出动力，理论上应该比联操作的共同进退发条鼓更均匀。

夹板真的很美。每个边缘人手倒角，其上刻日内瓦条纹。最醒目的大概是夹板上的10颗特大红宝石轴眼，它令整个机芯显得华贵十足。除了宝石大，边缘上的金圈也是抢眼的原因之一。一看我就很惊讶，宝珀竟然用了10个金套筒！其实，这只是一种新的装饰方式。以往要使用金套筒，原因是打眼的位置并不绝对准确，需要较软的纯金套筒作微细调整。现代的机械已经可以很准确地在基板与夹板上打出很小的轴眼洞，金套筒变成一种美学上的装饰。宝珀认为，这种美还是值得保留的，不追求美的品牌没资格叫luxury，遑论prestige了。因此，他们采用了叫做"模铸"的新技术，在夹板凹入处做出围绕宝石轴眼的洞，并刻出双层细槽，镀上黄金，抛光成镜面，使它有金套筒的视觉感。同时，机芯夹板的中央处还留出足够的位置，突出金色的秒针轮，使它在金套筒丛中翩然起舞。

近年每个新机芯的技术发明重点，都在控速装置上。宝珀的设计，自然也不例外。首先，它的宝玑式上绕游丝放弃了鹅颈微调，使其末端不受牵制，摆动时有更好的同心性，控制快慢的责任落在四枚纯金做的摆轮螺丝上。螺丝的设计很具逻辑性，只要将相对的两颗螺丝旋出或旋入四分之一圈，就可以把日速调慢或调快30秒，调速师可以根据电子测速仪指示的数据很轻易作出调准。金螺丝为方头，使测速师更易于用肉眼掌握快慢。而以金螺丝做平衡的摆轮，更使用创新的物料钛合金制成。钛相当硬，加工起来困难，但它有传统做摆轮的物料glucydur所无的优点，即对温度的变化不敏感，而且抗磁能力也相当高。钛的另外一个特质是轻，轻的好处是令擒纵装置活动时的动力损耗低，也在不同位置处减低了地心引力的影响。它令细小轴心的飘移减低到0.065毫米，那只是头发丝的大小。这组神奇的装置，在理论上带来比传统设计更多的好处。

创作灵感来自日本寺庙无量寿佛头像的"面具"

佛头贴金　祥和庄严

　　将人文艺术加入腕表的创作中，江诗丹顿是最成功（不是之一）的。当年的"美洲之鸟"与"麦卡托"，都是近代难得的艺术作品。前者的金钱价值曾一度低迷，但好东西不会永远寂寞，现在的市值已快速飙升，我的几个表迷朋友都说想多找几只。霍飞乐新抢到的那只"天鹅"，令我也怦然心动。250周年之后的一些作品，更令人拍案叫绝。此中如"四季"，如"面具"，都在艺术上出神入化，而且机械达成的时间指示方式也相当独特。这些表都是四只为一套的套装，正是顶级收藏者的追求。

　　2008年，以日内瓦Barbier Mueller私人博物馆藏品为楷模创作的江诗丹顿"面具"套装，赢得举世推崇，一直供不应求。我知道，好几个经销商手上都有订单，但无法交出货来。以我这样的穷措大来说，接近300万港元当然好贵，但有认识的朋友说，宁愿加几成的溢价也毫不考虑就买下来。第一套里的契丹死亡面具，人们一致称赞仿佛如真。我的朋友张澍生买到了一套，常戴在手上的唯"契丹"，因为它很中国、很美观。但，同样是亚洲的题材，我更喜欢2008年第二套里面的日本佛头。

　　四只表，继续以四大洲的古面具作蓝本。上述的佛头，装在黄金表壳内。佛头是19世纪下半叶江户时代的木雕金漆作品，不过我觉得中国的佛头看起来也没什么两样。它的造型是中国寺庙也常能看到的无量寿佛，祥和庄严，卷曲的细丝头发栩栩如生；5N红金的，仿照公元数百年的墨西哥马雅文明时代的陶制面具香炉而成，鼻如悬胆，厚唇细齿；白金的创作原型是加蓬卡威利人的半硬木男性面具，原物为大诗人Tristan Tzara旧藏，曾在纽约大都会现代艺术博物馆以"黑奴艺术"的主题展出，世称"沙拉面具"；铂金的版本，上面是巴布拉新几内亚东赛匹克省的木制夸张面具缩影，我倒觉得很像中国神话里的雷震子。四只表的妍媸，人言人殊，但依我所见，它是胜过第一套的。

　　这套表将会继续限量生产25套。表面的四周，分别以碟片指示星期、日历、小时及分钟。它使用25.60毫米2460V4自动上链机械机芯，27石，有40个小时的动力贮备。40毫米的透明表背，可看到符合日内瓦印记装饰标准的机芯。此表配人手缝线鳄鱼皮表带，用同表壳物料的折叠扣佩戴。

新的马可波罗有很美丽的构图

又来了两个探险家

如果选在艺术上和机械上都能完全令我惬意的表，我会点江诗丹顿的"艺术大师"系列。

这个系列的每一个作品，都令人心仪神往。例如"四季"，例如"面具"，都在艺术上出神入化，而且机械达成的时间指示方式也相当独特。可惜，这些表都是四只为一套的套装，动辄数百万港元，我这样的穷措大不易负担，只能干巴巴地流口水。

不过，这个系列里也有数十万港元便可拥有的作品。甚至，我认为这些单一只的作品在艺术上以及机械上都不比套装的逊色。而且，在你想有一个系统收藏的时候，你也可以将之兼收并蓄，成为另一个套装，真可谓进退有据。

它的命名，乃"向伟大探险家致敬"。

首先，它的表面是高温珐琅，其古地图采用人手绘画及掐丝珐琅两种工艺制成，上面还有与探险家相关的图画。其次，在双层的珐琅表面上，它有很特别的指示方式，一个镂通的小时数字，游走在132°的分钟刻度上。这个设计，看似简单，其实很复杂。在这短文里，我无法详细形容此机械的运作，但可以简单地形容，它与爱彼的星形轮，Harry Winston的Opus 7相类。如果不是因为要表现所有资深收藏者都喜爱的珐琅艺术，那江诗丹顿的自创机械必然令人大饱眼福。所谓鱼与熊掌不可兼得，大概这是一个很好的例子了。

它是绝对地难做的。2004年，"向伟大探险家致敬"的头炮是"麦哲伦"与"郑和"，各做60只。但四年过去了，只完成了小部分，见过这两只表的实物的人并不多。我在日内瓦曾惊鸿一瞥，便是不复再见。幸好，据说我订的"郑和"已付运有期，虽然大约在冬季，但终于可以好好亲炙了。

2008年，另两款"向伟大探险家致敬"面世。它们是"马可波罗"及"哥伦布"，名气同样响当当，而且珐琅的绘画也同样出色。在"马可波罗"之上，有他走过的丝绸之路的中亚洲地图，上面还有指南针、骆驼及元大都的图案。而在"哥伦布"之上，则是包括探险终点的厄瓜多尔的美洲地图，左上方是哥伦布的船队。两款之中，我当然较喜欢"马可波罗"。它的地图分布给画面带来均衡，而马可波罗牵着骆驼走向都城的画面也很有意思。

如果陆续买到全套，那我会不要"四季"，不要"面具"。据知，全套做完，也只是8款，慢慢收齐，不吃力。

复古的奥运表

29届奥运纪念表很有怀旧味道

在北京看奥运，城外热闹城内冷清。

刘翔因伤退出他很有可能拿得金牌的项目，黄牛票马上从价值8,000元跌至900元。没有中国参加的重要赛事，场内门可罗雀。在某些人眼里，什么奥运在中国，原来是奥运看中国，看中国队的比赛，看中国拿金牌，不是奥运的更深广意义。在这些人眼里，刘翔的存在，只是为中国人拿金牌，不是对世界体育的贡献。奥运更高更强更快的冲刺目标，变成中国拿更多金牌，余事不问，我走在晚上11时上的王府井，完全没有了过往的辉煌。有一位好朋友问我有没有看奥运，当知道我连一分钟都没花时大表惋惜，说像我这样爱国的人看了一定很兴奋。

在北京，终于拿到了订了很久的欧米茄29届奥运每天限量纪念表，很满意。对我来说，等于是这次奥运的金牌。

对此表的限量编排，欧米茄迎合了中国某些人小农意识里的"8"字狂。从2008年08月08日到闭幕的那天，每天做88只，售价88,800人民币。我在香港付款，银码里什么"8"都没有，盛惠103,000港元，不折不扣。认识一点表的人，都说价钱高，同样价钱差不多能买打折后的百达翡丽的5296G了。但我自己是一点都不觉得贵的。因为，除了纪念价值，它的设计很像我喜欢的古老星座，而且线条比当年的经典更完美。

它的表面，是细腻化了的苍蝇字，古雅的风味喷薄而出。大了2毫米的外壳，竟然很像我深爱的百达翡丽1930年代古董表Ref. 96，有宽宽的抛光平圈，我形容它与5026异曲同工，乃一块加大的"棋子饼"。而它的表耳，造型是1950年代著名的星座曲耳，但线条更为硬朗直截，使这儒雅的表增添了运动的坚强。罗马数字XXIX的标示，证实了它是29届运动表的纪念作品。我手上有同设计的16届墨尔本奥运纪念表，对比着看，真的很有滋味。

除了先进的同轴擒纵自动机芯，它的多个细节都刻意让人回溯起1956年出品的古老奥运表。盒形的塑胶透镜，是今日流行的"蓝"宝石玻璃（人们总假意不知不觉流露这化工合成物珍贵）所没有的风霜感。特别是皮带，它直接就是今日看起来很廉价的小牛皮压鳄鱼皮纹，使它有1950年代的感觉。我不觉得，欧米茄会为了区区几百港元的工本用了平价货，选择相信那是彻底复古的原因。当然，倘若由我设计，我会决定附送一条细腻的亚利桑那鳄鱼皮带，使人们有一只带两种theme的表，奢侈两字或是罪恶时的复古，或是今日表达考究生活的华贵。

(8/08)

137

每秒一跳的红针,使人误会它是石英表

秒针大步跳

现代机械腕表的秒针，如同时分针那样，有规律地缓慢行走，最慢的每秒钟走五步，最快的每秒钟走十步。如果看到表上的秒针能一秒一跳，成为名副其实的秒针，那人们就一定认为那会是廉价的石英表。因为，在品质较高的石英表上，已经采用了并不"大步跳"的设计，在视觉上与机械表相同了。

为什么指针不能准确地每小时每分钟每秒钟跳一步，使用家（不是执裁判役的专家）很过瘾地知道时分秒？那当然由于相当高的技术复杂性，甚至是某些无法解决的困难。构造上比较简单的是跳小时，所以我们经常看到叫做jumping hour的表，小时的碟片或指针在每小时终结的同时向前跳一步，有很独特的表现。近代手表中最早做"跳时"的是百达翡丽，他们的3969被大炒起来并有很多品牌跟进之后，却高高挂起免战牌，不再做这功能的表，让3969永远占据跳时表神龛的首席。

其实，也许很多人不知道，比跳时出现得更早的是跳秒功能。而且，跳秒还跟咱华人有很大关连。

满清中末期，在瑞士弗鲁里亚生产的怀表大量输出到中国，王公贵人们都得一而后快。使用后他们都有同一种反映，表上的针既然说是秒针，为什么不是每秒跳一跳？结果，生产者研究出用摇臂操控的跳秒装置，使用在输出到中国的机芯上。可以这样说，存世超过100年以上的跳秒表，有九成半以上是为中国市场制造的。可惜，这种装置并不耐用，今日大部分已经损毁，被蹩脚修表师换成多步跳齿轮，失去祖宗原意。

跳秒虽难，但后来的制表师并没有放弃挑战。1950年代，好几个品牌做过跳秒手表，不过都经受不住时间的考验，没有多久就停产。此中最突出的是欧米茄的案例，他们曾生产过约1,500只跳秒表输出到南美市场。这批表很快出现问题，厂家为了维护声誉壮士断臂，将之全部回收分解。据说，大概有十三四只无法收回来，成为收藏圈中的珍品。这样的表如果出现，动辄值数十万港元矣。

另一款很有名的，是劳力士的Tru-Beat。它的产量相对地较多，品质也较可靠，所以现在不算难找。此中有些还得到superlative chronometer的验证，走起来是更不用担心的。它的设计原理是在摆轮前设置一组闸门装置，控制中轴的秒针每秒跳一跳。秒针多为红色或红头，在视觉上容易辨认，也使表看起来更美观。现在，不锈钢Tru-Beat的身价在15万到20万港元间，而传统秒针的同品牌同年代腕表只值两万元之下矣。有利可图就有假表，所以买Tru-Beat千万要看过机芯再做定夺。

此外，Panerai也用古老Chezard 7400机芯做了白金跳秒表Independent，背面宝石玻璃上有一个圆放大镜可欣赏跳秒摇臂。此表产量仅160只，现在市值略低过20万港元，很值得买入呢。

德累斯顿城堡

Semper德累斯顿州立歌剧院

德国玝琅德国表

最近，终于去了梦想中的德国瓷城麦森(Maissen)。距离德累斯顿不到一个小时的麦森镇，有一个麦森瓷器博物馆，广大的空间，展出了许多瓷器。这里有不少中国风格强烈的作品，看得出当年的萨克逊郡王是何等地喜欢来自中土的东西，特别是源自景德镇的青花。很有趣的是看到小时候在广州凉茶铺必然摆放的人偶。它们的手与头均会摇摆，似是招客进门，儿时情景顿现眼前。

格拉苏蒂出山后最强力的武器，当为使用人手上链机芯的Cal 49。它的四分之三夹板、鹅颈微调、螺丝摆轮和纯金宝石套筒，在10几年前的机械机芯上是极为罕见的。Cal 49停产后，剩下的只用在与麦森合作的玝琅表内。麦森玝琅表还使用已停产的带细纹圈Classic外壳，使整体很有老德国味。

德累斯顿设城800周年之际，格拉苏蒂再为冯妇，携同麦森做了一套8只的玝琅表，描绘该城名胜。我不认为，8只表都值得我买。如以工艺论，我会选"蓝色奇迹"。它的画面，是易北河上的一道大铁桥。大桥的表面，涂上了一层蓝色油漆，成为河上的重要地标。后来，它曾几次被漆上别的颜色，都很快变回蓝色。如此天意，无人敢违，此桥继续以蓝色原貌横跨河上。此桥既有意义，用色也够鲜艳，谁知8只表中"蓝色奇迹"是最早售罄的。

我的次选，是德累斯顿州立歌剧院Semper。在德国合并初期，我多次去德累斯顿的必备节目，都是去Semper听音乐。有这样的美妙回忆，我自然想买描绘它的景色的玝琅表。结果，也许是单色吧，它是一订就有，令我喜出望外。它用白色玝琅做地，上面加画棕褐色图案。我原本以为，这种色调该用的是"釉内彩"工艺，结果是加彩方式，图案画在白釉上。它的左边是Semper的外观，右面是奥古斯都大帝的骑马像。用放大镜看，它不是欧洲常用的图案移印，而用画笔一笔一笔画成，使我好开心！

在参加格拉苏蒂德国钟表博物馆开幕仪式时，我在工厂的陈列厅看到了八景之一的"德累斯顿城堡"。它的用色丰富，它的笔触细腻，很可能是八景中画得最漂亮的。未及细看，我就叫小潘替我找一只。结果，它的25只限量，除了几套套装之外，已全部卖光了。谁知道，过了几天，只做3只的"德累斯顿城堡"铂金款竟出现在安帝古伦的拍卖上。拍卖那天风雨来朝，竟以低价归入囊中。取表之日，发现工艺真的胜过Semper。与红金版的最大不同，在于它的外壳全用拉丝磨砂处理，低调且高雅。麦森的双剑商标是青花，格拉苏蒂的花体则是金字，在表面上很突出。我现在经常戴这只表，它实在内外皆美呢！

18K黄金配陶瓷的J12

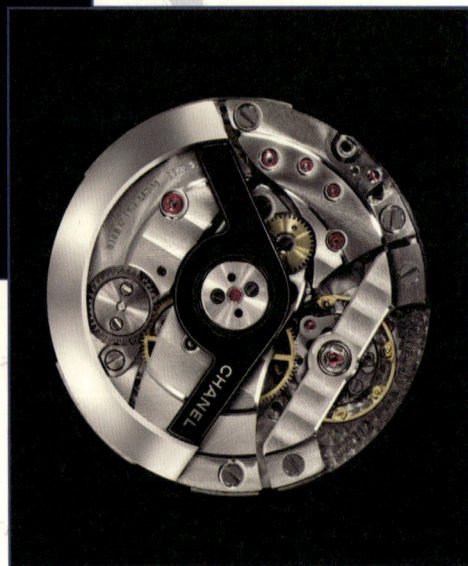

爱彼为Chanel生产的3125自动机芯

潮流也可出经典

有悠久制表历史的品牌，好难完全抛弃传统的包袱，在设计上举步维艰。相反，站在潮流尖端的珠宝或时尚奢侈品品牌，却往往担任着突破瓶颈喷薄而出的角色。100多年前，卡地亚创作了给男人戴在手上的表，就是这个角色的一次最佳演绎。由于没有负担，创作时能够天马行空，往往有令人刮目相看的惊喜。如果我说自己喜欢Louis Vuitton、Hermes 与Chanel的表，相信很多人说奇怪。但，我真的沉溺在那快感猝不及防侵袭的惊喜中。

以往"时装"表登不得大雅之堂，原因是机芯并不好，或者起码是不够好。然而，我上面所举的三个法国品牌的某些型号中，刚好就装置了很高品质的甚至是exclusive的瑞士机芯。此中我最喜欢的是Louis Vuitton的陀飞轮，于我而言它的美肯定超越宝玑，当然更超越百达翡丽的同功能作品。有人说，昆仑不是也有相类的作品吗？对的。但Louis Vuitton的每一只陀飞轮都独一无二，有专人携带电脑来到你面前为你作设计，使每块水晶基板及夹板的造型与雕刻都迎合你的口味。特别设计的东西还包括装表的大皮箱！LV的Alain说约个时间好好谈谈，替我也想一只。很可惜，我口袋里还没有花16万欧元买一只"时装"表的预算。

全新的Chanel J12 3125，我也是很喜欢的。公司同事说由此鄙夷我的品位，但我焉可跟夏虫语冰？Chanel的J12，以陶瓷打出了一条新路，成为了时尚的流行，吸引了很多品牌的跟进，热潮方兴未艾。陶瓷的始作俑者是雷达，不过雷达只在大陆东北部流行，无法像Chanel那样征服东西半球。我自己曾试戴过配铝合金的J12，用了一个星期后很想留下来，只是我向来喜欢贵金属，也实在没有理由买这个价位的表，方才作罢了。

然而全新J12用了爱彼为他们做的3125机芯，还配上了18K金的部件，那又是另一码事了！我认为，爱彼自制的3120自动机芯，如果不是现时世界最好的最美的，也在坐亚望冠之位。在这个基础上改建而成的3125，除了保留了所有优秀特质，还添上了Chanel自己的个性，那主要是上链摆陀的变化。镂通的摆陀，有很好的离心惯性，而黑陶瓷的臂则呼应了设计的整体。3120的立体雕刻摆陀表达了回溯传统的意愿，但3125却直截了当地宣示了对简约前卫的追求。

我的朋友说，LV价钱高，你得以独善其身，这一次料难幸免矣。我自己的确也在苦恼，因为黑陶瓷与黄金的组合，实在很配我的Vertu Signature手机。只是我想像J12做红金版本会更好看，红黑撞击出火球，那就虽千万人吾往矣！

红金的Kalpa Hemispheres

两地时间　不再单调

意大利船厂推出35米的特级豪华游艇，找了帕马强尼做手表方面的合作伙伴。命名为"one-one-five"的帕马强尼Pershing计时表，从气派到功能方面，都可以与好评如潮的35米极品游艇相提并论。它的轮廓充满霸道与张力，正与35米船王的曲线不谋而合。稍长的表耳，正如乘风破浪的修长Pershing游艇侧缘线条。独特的表面，上有垂直的日内瓦条纹，计时与计分的两个针盘呈"8"字形斜跨在表面的左边。时间秒针收敛地设在9时位置，10时位置是弧形的三联日历窗。大型的时分针及时标，即便在炫目的海面上也一览无遗。斜面内圈有赛船用的测速计，有效地让船主计算发动时间。它的单向旋转外圈有橡胶的嵌入节，转动起来十分方便，并与同样是橡胶做的按钮里外呼应。

游艇在大海中一往无前，如果要穿越一个个时区，那美丽的Kalpa Hemispheres就很适合了。此表的设计灵感，其实来自著名航海专家Bernard Stamm驾驶游艇环游世界的经历。帕马强尼特别设计了新的PF337自动机芯，达成了史上所无的清晰两地时间指示。我已觉得现在的两地时间表很乏味，不过看了帕马强尼的新作，还是心头一振。Kalpa的前卫造型，首先给它带来了强而有力的雄刚。带着浓厚希腊味道的时分针，配合6时位置的大秒针盘共同运作，这秒针盘上还有本地时间的日夜指示。中轴之上，是第二时区时间的大针盘，它以时分针清楚地指出了另一个预定城市的实际时间，即使是那些麻麻烦烦地只有半个小时甚至四分之三个小时差别的某些城市也分秒不差，它的左侧还有一个小针盘指出日夜。3时位置，有帕马强尼特色的本地时三联大日历弧形窗。我没想到，它在机械上能作出如此妥善地安排，使两个城市的日夜都了如指掌。我是常在陌生城市睡觉的人，它可能最适合我！表壳左侧是两颗表冠，能快捷容易地迅速调节不同时区的时间。Kalpa Hemispheres有红金与不锈钢的不同型号，后者还配备3种表面供选择。

PF337自动机芯在帕马强尼位于百花镇的工厂内开发生产。它的红金型号，装置机械雕花的金质摆陀。机芯的口径，乃特大的15$\frac{1}{4}$法分，上有38颗红宝石。它的每小时摆轮摆速为28,800次，有50个小时的动力贮存。通过透明宝石表背，可看到强壮的摆轮，夹板上的人手倒角及日内瓦条纹装饰。

Kalpa Hemispheres配全花皮带或鳄鱼皮表带。

掐丝珐琅大丰收

Butterflies

　　近10年里，做掐丝珐琅手表的瑞士品牌屈指可数。这里面，有能力做出10个以上图案的只有百达翡丽、江诗丹顿、卡地亚、窝路坚、雅典、Hublot。但实话实说，这些品牌在珐琅工艺的角度上无疑相当好，但作为画来说未能全部动人心弦，图案有艺术感染力的罕如凤毛麟角。不以艺术论表，最好市场反应的掐丝珐琅表是百达翡丽。在过去几年里，该品牌每年都推出一套掐丝珐琅手表。最早是使用Cal 240机芯的Calatrva圆形自动表，后来是铂金的长方形Gondolo人手上弦表。

Tigers

它们都是市场上的当炒项目。由于拥有者少，每次转手都有很多人争相承接，价钱就往往比原厂售价高了许多。像股票一样，但凡升值的项目就不大有人愿放手，希望坐以待"币"，令供求关系益显悬殊。买到一套这样的表，比低价买得高质蓝筹股还上算呢！

    2008年，可以说是百达翡丽掐丝珐琅艺术的丰收年。在巴塞尔大展，百达翡丽首次展出了一共4套每套4只的掐丝珐琅腕表，一破以往差不多10年来每年只做一套的惯例。与以往不同的是，这4套表不但采用了掐丝珐琅工艺，还应用了金雕、螺钿、Faberge style透明珐琅等工艺作辅助，构成了优美的艺术效果。可以说，无论任何一只，都比过去的掐丝珐琅手表漂亮。于是，有财力的收藏家有个忙的了。

Birds of Paradise

　　长方形的Gondolo铂金款式，装置215手动机芯。与以往不同的是，它放弃了小秒针，让珐琅表面的图案更完整。这个系列有"威尼斯面具"与"老虎"两套，色彩缤纷传真度佳，让人一看就心动。特别要一提的是"虎"，百达翡丽很可能以此作为"十二生肖"系列之首套。或曰为什么是虎？总裁Philippe Stern生年属虎，这理由应该已经很充分了吧！

　　圆形的Calatrava珐琅表，2008年首次用铂金壳。通过宝石透明表背，可以看到出色的珍珠陀240自动机芯。两个新系列分别是"天堂鸟"与"蝴蝶"，都有不同凡响的美。我建议朋友们留意"蝴蝶"，这套表除了绘画出不同种类蝴蝶的特色外，还是一位年轻女士初试啼声之作。她的工艺，得到百达翡丽高层的一致赞赏，喻为新一代的Susanne Rohr。Rohr女士的目力已不能再为冯妇，新人的出现令百达翡丽珐琅艺术得以薪火相承。请仔细欣赏这套表，它们的色泽使用与画面变化与其他高手相比不遑多让。甚至，那种年轻女性的温柔与细腻，那种善感与多情，也只有这套表才有呢！

珍重看蝴蝶

百达翡丽的珐琅套装表"蝶恋花"（本页至151页），由当今最佳的珐琅师Anita Porchet绘制

在国产手表进军国际钟表业的前途上，许多人觉得最好走的快捷方式是发展珐琅艺术。

可能性当然是存在的。中国扬名世界的瓷器，在工艺上与珐琅异曲同工。而且，就算不谈瓷器，中国的珐琅器也在明代景泰朝崛起，成为世上最重要的掐丝珐琅流派。况且，今日已成天价国宝的古月轩器物，其实是很有独创性的料胎珐琅釉，说起来相类于日内瓦风格的微绘珐琅。有这样好的技术基础，中国人还不能做出珐琅表来？

可惜，时移世易矣。今时今日，我最能领略"人心不古"这个词背后的电极式震撼。现在的中国人，什么都会做，什么都做不精。有人说，1957年之后中国少有文人，少有艺术家，说法虽然偏激，但也不是全无道理。因为，这两个范畴的人都需要很有个性，很有独立思想，很有生活品位，没有了这几种很个人的东西最多只能做个"匠"。前一阵子，我听说有一家大陆工厂做出了掐丝珐琅表，迫不及待地大老远跑去看，结果看到一堆仿瑞士表的构图。图案雷同倒也罢了，我在平面看到

了一堆坑坑洼洼，那是火候控制得不好，里面的气体膨胀形成小气泡，然后上浮到表面并爆破而产生的。这问题，在明景泰时已得到解决了。然而单位负责人还是反诘道："不是所有珐琅都会有砂眼吗？"

瑞士的珐琅表会不会有瑕疵？我当然知道，所有人手做的东西都会有或多或少的缺陷，艺术家会尽自己的努力使缺陷减到最少，而不是找借口安慰自己。瑞士的掐丝珐琅，会根据不同釉料的受热状况分好多次烧制。每一次烧制，都会随之进行一次精心的打磨。因为每一次的釉料铺得薄，产生气泡的机会就减少；而在打磨环节里，即便是有砂眼也会被磨平。而在烧好后，还会再施一层透明珐琅作保护，并且形成琉璃的半透明效果。经过这许多复杂工序才能做出来的作品，岂不是既罕有又珍贵？

说起来，近10年里做掐丝珐琅手表的瑞士品牌也是屈指可数的。这里面，有能力做出10个以上图案的只有百达翡丽、江诗丹顿、卡地亚、窝路坚、雅典、Hublot。但实话实说，这些品牌在珐琅工艺的角度上无疑相当好，但作为画来说未能全部动人心弦，图案有艺术感染力的有如凤毛麟角。我自己最欣赏的是在下向Hublot订制的日本浮世绘春宫图。它是这个领域里绝少人敢碰的人物图，而且用色鲜艳，手工细腻，很忠实地表现了原图的风韵，看了叫人血脉喷张。因为视觉感染力良好，厂方问我能不能将这图案做限量生产，我当然拒绝。Hublot现在已停止了掐丝珐琅表的生产，此表成为孤本。

全黄金的3878，换成白金为主的5180

再聆广陵散

过去几十年里，表坛出现过极多机芯镂通手表。这样的表，主要将机芯的基板与夹板镂通，以显露整个传动序列的运行状况。对于了解表的组成与运作，这是很好的教材。但在另一方面，它也能让艺术家表现自己的金雕功力，把机板夹板上所有可以去掉的部分毫不吝惜地去掉，并且在剩余的部分以人手雕出装饰图案，方成就出最完美的艺术品。同是镂通手表，价值往往有天壤之别，这里的原因并不出自品牌价值，反而是工艺水准的高下了。

以"简单"表来说，现时市场价值最高的是百达翡丽的3878。它使用了带珍珠陀的240自动机芯，正全面地展现了镂通工艺的魅力。在市场上，它的身价约35万到40万港元，从未低落过。我也藏有这样的表，看到大刀阔斧的削肉剃骨带出夹板间"命悬一线"的视觉效果，心里也会寒一寒。因为工艺师匮乏，3878已停产多年，成为广陵散般的绝响。

在资深收藏者都以得到3878而后快，但又无从入手的时候，百达翡丽推出了Ref 5180/1腕表。与3878一样，它也装置镂空的Caliber 240机芯，在美学工艺方面向前迈出一步。39毫米直径的白金表壳，应用简无可简的设计，仅余一条窄窄的边缘。表盘上面有浅弧形水晶表镜，后背则以宝石水晶玻璃透盖密封。表壳衬圈也是镂空处理，唯余12个放射条纹作时标。为突显这款极品腕表的艺术魅力，宝石玻璃下镂空机芯的银色光泽、金色黄铜齿轮和明亮的红宝石形成鲜明对比。5180/1的240机芯镂空一丝不苟，即使是镂空上摆夹也要花上数个小时，而在发条盒夹板、基板、主发条盒两侧以及这款腕表众多其他部件上作镂通处理更是需要数个星期才能完成。同时，各种部件添加优美的雕花饰纹，以突显其华美。"Patek Philippe Genève"字样以手工雕花刻在镂空夹板上主发条盒的环形透视孔周围，配有手工绘制的Calatrava十字星图案，细节表现淋漓尽致。上弦自动陀的悬挂系统本身就是雕花艺术的精品。除少数几个呈优美弧形的支杆外，夹板几乎全部镂空。镀铑金质迷你摆陀，雕有蔓草图饰。此表配上白金织带，在腕上舒适优雅。此表的定价，估计在60万港元之谱。3878还可升矣！

5180并非特别限量版，但由于制作此类腕表需要很长的时间和极高的手工技艺，因此每年的产量十分有限。据说，以往3878每年的产量均屈指可数（这个词的意思是5只以内，怕今天的新人类不懂），相信同出一脉的5180也多不到哪里去。

Annual Calendar Ref 5450P

矽之终极

瑞士制表业的三个龙头大哥，劳力士、百达翡丽及Swatch，合资进行了矽在擒纵装置的可行性研究。好几年了，似乎并没有进一步广泛使用的趋势。劳力士的高层跟我说，矽游丝的性能，未如他们新开发的Parachrome；而Swatch也只在旗下的宝玑做了几个试验性型号，产量并不多。似乎，这个传统行业的人是相当谨慎的。A Lange的产品开发总监Anthony de Hass更在交谈时指出，矽应该是便宜的物料，只适宜用作mass production，与奢华品格格不入。他开玩笑说，矽将会在广东制表业广为应用，因为成本低、制作易，一按切割机的开关就涌出来了。

但，百达翡丽没有这样想。

一直是日内瓦制表传统保卫者的这个品牌，花了很多人力物力，制造各种矽的擒纵部件。

最早的是白金的5250，它使用了矽的擒纵轮。2006年，红金的5350面世，增加了专利Spiromax矽游丝。说起来，两个部件的形状都与传统的风马牛不相及，看得出下了很大的苦心。这个系列的表，透明宝石表背上都有一个小放大镜，以欣赏矽部件。很难得的是，两款表的售价与使用传统擒纵部件的5146相同，谁不想得到它？但，数量较大的5350R也仅做了300只，向隅者远多过拥有人。在公开拍卖里，5350R大概值70万港元之数。5250G更是一入侯门深似海！

2008年，百达翡丽推出5450P，将最后一个擒纵部件即马仔换成矽。矽的深层切割技术有了进一步的发展，已经可以切出不同的两级层面。于是，5450擒纵器叉的轴圈刻上了第二层控制面，使Gyromax摆轮保持稳定的摆幅，加上马脚上的两个凹入面，很有效率地完成抓定和推出擒纵齿的两个动作，不浪费丝毫动力，令表能多走十几个小时。同时，马脚上的红宝石也因为硬度最少一样的矽可作一体化切割之故得以废除，避免了调速时要进行宝石出入调校的麻烦，而这是大师方胜任的工作。使用新的Pulsomax矽马仔，不再有调校上的差异，保证了最高的准确度，等于将矽在擒纵系统的应用上画出了一个完美的句号。既然已经到达终极，百达翡丽宣称，这组装置将逐步应用到日后的生产上，直到完全取代旧系统。

5450P顾名思义乃铂金的外壳，表面上的阿拉伯数字时标乃"百达翡丽尖端研究"系列上必用的黑矽色，而底色则为百达翡丽铂金复杂表上专用的浅蜜蜡色。它的限量，与5350G一样为300只，继续让收藏者们在市场逐鹿。

空中飞人的时计

LV也有两地时间响闹表

有万年历功能的积家Grande Memovox

　　几年前曾经有朋友说，遍世界跑的人需要两种表，一是世界时或两地时手表，一是定时响闹表。

　　我算是飞得很频密的人了，好像并不很有这种需要。在外国很难睡得沉，往往说醒就醒了。因为，久经折磨，我的身体时钟已经被损害得失去了功能。然而，对于比较能理性地控制自己的人，这样的随身工具应该还是有意义的。掌握时间做该做的事，丝毫不差地控制自己的睡眠时间，毕竟是商界成功人士的生活规律。

　　以前，要有这种功用，真的就要带两种手表。世界时或两地时当年比较不普遍，人们只好买一

雅典San Marco Alarm

雅典Sonata

只闹表上路。在有时差的国度，它能准时把人从昏睡中叫醒。特别是在格林尼治附近的时区，中国人入睡时已是彼邦的工作时间。时差所致，到了当地之后往往时近黎明才睡着，一个不小心就会过时，误了正常活动。此时此刻，闹表不可或缺。

　　五六十年前，闹表开始普及，有超过10个瑞士品牌做了具这个功能的表。可是，声音够响而且响闹时间够长的，说起来并不多。其中的佼佼者，当属窝路坚（Vulcain）。我买过1960年代他们生产Cricket，响闹的声音竟然能从睡房传到客厅，历时近一分钟。许多当时的甚至现代的闹表，大概像三问手表那样响者自响听者不闻吧！

沛纳海Radiomir GMT

芝柏Traveller II

　　令窝路坚成名的，是艾森豪威尔等几个美国总统都使用他们的闹表，并在使用满意之余来函致谢。后来，窝路坚品牌被Revue Thommen买下来，后者同时得到了生产Cricket闹表的专利与所有模具，断然决定停用Vulcain商标，并把Cricket变成旗下最重要的系列。当年香港的Revue Thommen代理，将中文名字译作"总统表"，其实跟总统的渊源已远。5年前该公司再把窝路坚卖给其中一个管理者，连很疏离的关系都割席了，还在叫"总统"呢。

　　Cricket的声音顾名思义像蟋蟀，夜深人静时听起来特大特响。但以音质来说，却是逊于积家的Memovox的。Memovox在1940年代面世，日后从手上链改良为自动上链，音质越来越好。到了1990年代，其装置改为与问表相类的打簧式，更是清脆悦耳。这个设计，我认为已算登峰造极。人

积家Master Memovox Compressor

绮年华Reveil 1948

在美妙的钟声里醒过来，确为一大快事也。

大概十年前，某机芯厂以当年的古董款式为蓝本，推出了一款两地时间的响闹自动机芯，被许多不同等级的品牌买回来应用。于是很奇怪，从3万到20万人民币的同功能手表，里面装置的好可能是同一款机芯。它很容易辨认，表盘有24小时第二时区碟片，中轴有响闹定时指针，而左边有两颗表冠的多数出于此门。后来，此机芯被加进了不同功能，显得更有可塑性。但我几次想买都没有下手，因为声音尚未如我意。我并不需要闹表叫醒，买这样的表只是希望拥有此功能，声音不好，那就不如没有了。

前几年，著名机芯厂F. Piguet研发了一款自动的两地时间响闹机芯。它很周到地为用家作出设

窝路坚Cricket Dual-Time

窝路坚Cricket GMT

宝珀Leman Alarm GMT

宝玑的沙皇响闹表

想，有动力贮存指示，24小时异地时间、特置定时响闹针盘，以及响闹开关指示等等，想得出的相关问题都做出有效对应。此机芯用在宝玑和宝珀两个品牌的产品上，价格有相当大差距。同时，它也卖给在做复杂表方面很有成就的雅典，被改成功能和表盘布局都有所不同的新作品。它有响闹时间的倒数，双碟大窗日历，中轴大秒针，以及看到控速器的打簧报时。我自己觉得，它在功能方面是相当优秀的。而Sonata的名字，更令它出色地改良惹人瞩目。文首所说的两个"空中飞人"必需的手表功能，至此已在使用上无从挑剔。

另一边厢，"金嗓子"积家也没有停止在响闹表上加上新功能。首先是万年历的注入，使它首先进入顶级复杂表的领域。然后，由于长动力机芯的成功开发，它再加上了8日链与动力贮存的功能。好了，该买一只了，我想。然而，另一让人瞠目的装置又加入新作品中。使用这只表，用者可选择打簧发声或是震动提示。它是以机械装置而非电子系统达成的"震机"，居然会像我们的手提电话那样无声地在手上震呀震！

在中国，响闹表至今还是不流行的。看完在下的芜文后，阁下会不会心痒难耐想有一只？会响的三问表很贵，能拥有也会响的闹表岂非也不错？钟表大师宝玑200年前说，不响的表不算复杂表，让我们都戴"复杂表"吧！

火焰式切割有宝光热辣辣射出的美

钻石的熊熊火焰

珠宝是日内瓦钟表工艺的著名组成部分，江诗丹顿在这方面更是建树良多，成为顶级珠宝表的典范。1950年代创作的方石男表Kalla，因为订做物主迟迟缺钱提货，结果出售时大幅升值，缔造了在多达一年的时间里每天升值500美元的佳话。1979年，品牌耗时6,000多个小时创作了Kallista女表，细长的表壳上镶嵌共重130克拉的118颗美钻，创下了世界纪录。为了纪念此表诞生30周年，江诗丹顿2009年创作了高宝石腕表Kallania，在表壳、表面及链带上使用了共重170克拉的186颗绿宝切割钻石，创下了新的世界纪录。绿宝切割的每一个相对切面必须一致，使宝石的光彩均匀平衡，江诗丹顿用它讴歌了高宝石工艺的魅力。它的内部，乃刻有日内瓦印记的品牌自产1003人手上链机芯，为这非凡的独一无二腕表增添特色。后背上链的机芯，至今还是世界上最纤薄的。两个世界之最，自然为Kallania的横空出世敲出响亮的大锣大鼓。

与此同时，江诗丹顿2009年还发明了全新的火焰切割方式，为美钻带来新的生命。火焰切割有57个切面，从不同角度吸收及反射光线，使每颗钻石看起来像熊熊火焰在燃烧，乃20年来唯一获得GIA认可的切割方式。切面的交汇处经过精密计算，实现了光泽、亮度、色彩与折射的全面均衡。修长而对称的轮廓，增强了钻石的独特火光，不再中规中矩，而是豪迈奔放的感性。宛如手链的Kalla Haute Couture a Secret，以不同切割的钻石带出迷幻的折射，带着神秘的深邃感，它的表壳上有共重20克拉的28颗火焰形钻石和0.20克拉的圆形钻石，表面上有共重0.30克拉的130颗火焰形钻石，而链带上则有重达14克拉的120颗火焰形钻石；Lady Kalla Flame，顾名思义，全面使用火焰切割钻石，此特殊宝石有重10克拉的20颗在表壳上，重2克拉的60颗在表面上，重24.5克拉的120颗在链带上，乃世界上唯一的全用火焰切割钻石的表。这两款表使用了人手上弦的1005机芯，17石，每小时19,800摆，有30个小时的动力贮存。表冠设于后背的特别设计，全不干扰设计的唯美性。可惜，自从石英灾难之后，只有很少品牌应用相类设计。这布局，在技术上难不了多少吧！

不过，我最近很开心地看到，Jean Dunand的陀飞轮用了后背表冠，还是我很喜欢的Accutron及Lip模式。

Polo 45 自动表

钛与胶　黑与白

　　30年前，在第四代传人Yves Piaget的运筹帷幄下，伯爵与马球运动建立了紧密的联系，令1979年面世的Polo系列成为这种胆大心细同时华贵狂野的运动的象征性物件。时值列根奉行经济主义政策，鼓吹消费的风气漫卷全球，硬朗豪爽但又不失潇洒优雅的Polo金表广受社会精英欢迎，令伯爵名震遐迩。这款表在2001年改换新风格，除了加大的口径，还有新颖的面盘与独创的6时大号日历，使Polo的豪迈形象更为增强。

　　从那个时候开始，新的Polo不断采用自创的伯爵新机芯，以前卫的风格演绎运动的真义。从自动日历的800P，到浮动陀飞轮608P，以至品质优秀的计时机芯880P，都使伯爵表在奢华腕表领域得到了更高的市场占有率。2009年，Polo有了更重要的变身，以45毫米的最大尺码面世。它被命名为Polo FortyFive，而且史无前例地应用了钛金属做表壳。

　　这款腕表，戴在手上很舒服。即便是像我那样并不大的手腕，也一点不显得大，如果不是FortyFive的命名，我实在感觉不出它是45毫米的口径。它看起时间来清晰，而在手上也有令人自豪的动感韵律。抛光与磨砂的相间处理流光四泛目迷五色，用华贵的设计表达运动的娴熟感，伯爵实在是高手。

　　Polo FortyFive有两种款式四个型号，分别是黑面或白面，均装置嵌钢橡胶表带，有100米的防水能力。具有计时功能的款式，采用了面世不久的880P自制机芯，等于说拥有了飞返启动计时以及24小时制式第二时区时间指示这两种优异功能。表面上两个半圆弧，印有所属功能的名称。红色的计时秒针和刻度，使整体格外醒目。与此同时，此表的12时位置有三连数字大日历，6时位置有时间秒针盘，达致了视觉方面的完美平衡。表壳内的12法分自动机芯，35石，表面刻有环形日内瓦条纹，封闭夹板上有圆洞显露星柱轮。里面的两个发条鼓，为机械提供50个小时的动力。用螺丝校正的摆轮，每小时28,800摆。它的PVD处理灰黑色自动摆陀上，有伯爵家族的徽号。

　　另一个款式为装置800P自动机芯的日用款式。简洁的表面上，时分秒针设于中轴，指向立体尖楔形刻度与大号的阿拉伯数字时标。著名的三连数字大日历，依旧设于6时位置。红指针与边缘红色刻度，继续是这个款式的特征。此表使用12法分自动机芯，25石，表面刻有环形日内瓦条纹。里面的两个发条鼓，贮存72个小时的动力。这款表很顺眼，也许Polo是不该太复杂的。

填补最后的空白

百达翡丽全新计时表的素描

黑面的7071R有好看的放射花纹

除了全手工制作的昂贵27-525机芯，百达翡丽的人手上链计时表，以至配有不同复杂功能的计时表，都在用新拉曼尼亚的ebauche。

几年前5960面世，百达翡丽有了自己的计时机芯。但，可惜它是自动上链的。自动上链不是更好吗？对普罗大众来说当然如此。但，鉴赏家都知道一个事实：有了上链摆陀和相关的传动系统、计时装置的美就被遮挡，长杆短臂此拉彼挡的有趣运作就无法看清。特别是所谓垂直耦合近年十分流行，那更使计时表的魅力大减。所以，同一个品牌的计时表，自动的市值往往不如手上链的。例如劳力士Daytona，后者往往贵好多倍。就以百达翡丽来说，5960P的品牌定价就比5070P便宜。而在二手市场上，两者的悬殊更是大幅增加。我相信，过了2009年，5070P的身价很可能是5960P的一倍。

传统计时机芯的星柱轮、整块金属做的各种spring、水平耦合、齿轮离合，是鉴赏家最欣赏的设计。其他运作方式无论操作上多先进，都无法改变这种构造的地位。人手上链的计时表，现在看来已成为如同陀飞轮那样以艺术美作前提的表种。2005年百达翡丽制成27-525 之后，就开始开发新的"单"计时机芯。2009年适逢泰利·史端接掌帅印，新机芯与巴黎新沙龙作为贺礼呈献：11月，旺多姆广场10号在扩建后正式开张；百达翡丽创办170年来首款自产的人手上链单计时机芯也正式面世。

这款万人期待的新机芯，编号29-535。这枚机芯，不但有上述鉴赏级计时机芯四要素，它同时有了六项得到专利的重大改进，有更好的计时运作性能。此机芯的动力更长，平常使用达65小时，而启动计时功能后则为58小时。它的离合弹簧为传统的"S"形，与美丽的计时轮夹板、分钟累计轮夹板共同构成精细优雅的布局。它的时间秒针很特别地为制停式，拉出表冠后可精准对时，相当特别。

使用这款优秀机芯，百达翡丽先做了女表7071R。长背垫形的红金表壳，宽35毫米，高39毫米。此表的表面，周边镶嵌了共重0.58克拉的136颗圆钻，整体闪耀非常。长方的按钮，依规矩设于表冠两边。钻石拱卫的圆形表面，上有两个针盘，分别是时间秒针与计时分针。针盘是偏心的，看得出它其实适宜使用更大的表面。因此，应用29-535做男表，并且完全取代新拉曼尼亚ebauche，绝对指日可待。

7071R有两个款式。在黑表面版本上，两个针盘有细环形纹，表面有火焰纹饰放射图案，配8个立体的红金时标。它装设的鳄鱼皮带，使用特别的哑白色，配针扣。乳白面版本则为深浅双色调。我很喜欢它配咖啡色的处理。双针盘也有环形的雕花，8个小时标记与针盘上的两根棒形指针均为咖啡色，使它有暖和的温柔感。它的皮带，乃咖啡色缝白粗线。从各个特别的细节考量，它的魅力全然不逊于黑面版本。

黄金版的1463计时表

不锈钢的1463更值钱

圆者方者孰美

我说过做计时表比做陀飞轮更难。现在，市场上已经有了许多"自产"机芯的计时表。

在电脑微机日趋普及的年头，要做出某项功能来是简单的事。当然，机器不懂得什么叫做美，好看的东西就做不出来。今天的新型计时表，都用垂直耦合，避免了奇形怪状计时机件的复杂打磨，再以自动上链摆陀遮盖主要布局，好聪明地珍珠掩禾秆。这样的处理，许多个十年前就在宝珀的计时表里使用着。看到不少品牌为此作文吹擂，我想笑，但不敢大笑。

传统的星柱轮、水平传动和齿轮离合，是最美的计时表的象征。这样的构造，只能在人手上链的计时机芯上出现。资深鉴赏家喜爱的，就是这样的表。为什么使用Valjoux的劳力士Daytona比使用自产4130机芯的同名表款值钱好几倍，原因是前者乃人手上链。倘若说其中也许还有古典的因素，那举现代表的例子。百达翡丽的5960P还多了年历指示，但定价与市值都比不上同厂的5070P。毋庸置疑，以计时表而言，自动表特别是大陀自动表，身价和魅力是不如人手上链的。

现在，我好想买到五六十年前做的百达翡丽计时表。因为，在1960年代之后，他们就没做过圆按钮的"斋"计时表。

这个品牌的古老"斋"计时表，升值能力与其3448相等。在1988年时，多数的百达翡丽计时表大都叫价10万港元之下。能过10万港元的，只有一个因素，就是计时按钮是圆形的设计。为什么？那年头的廉价表都用方按钮。而且倘若你收藏过古董表就知道，几十年后，许多老表的方洞都容易磨损，方按钮都摇摇晃晃，也许百达翡丽并不一定如此，但我想那只是人们珍重不常用而已。

圆按钮的百达翡丽古董计时表，最著名的是型号1463。它不但有圆按钮，还有很美的密集烧青字。而且，它使用了13法分的大机芯，美丽处起码不逊于现代的27-70。这样的大计时机芯，现在不常见。13法分大约接近30毫米，比27-70的27毫米甚至28-255的28毫米还大。它的表壳口径为35毫米，在那时来说也是够大的。此表有红金和黄金的两种基本款式，并有少数是不锈钢的。最近，几只1463在拍卖出现，黄金的成12万瑞士法郎，不锈钢的成18万瑞士法郎。多数1463的表面边缘都有测速计，某只这计量刻度竟改为测量呼吸的asthmometer者，高收37万瑞士法郎。

你知道吗？倘若同大，我觉得圆按钮的3970是比方按钮的5970好看得多的。我期望，在与新拉曼尼亚计时机芯说再见之后，百达翡丽最终会有装设圆按钮的"纯"计时新型号！

在白色金属上，蓝圈蓝面显得很优雅

从全黑到全蓝

1976年，劳力士生产过不锈钢的 "All Blue" Submariner，投放到亚洲试探市场反应。结果，人们不看好，就没有进一步生产。后来，蓝色外圈跟蓝色表面，只用在黄金的与金钢的型号上，不锈钢的都用黑圈黑面，没有别的色泽。黑面上如有红字，已经很炫人了。

2008年巴塞尔大展上，劳力士展出了白金的新款 "All Blue" Submariner，和1976年的钢表一样，用了蓝色表面蓝色外圈。它有顾及我手腕感受的份量，也有很现代的决决大气。同时，在该系列面世了差不多一个甲子之后，它是第一只用白金制造的Submariner。

好美的蓝，白金与黄金的2008新款都用这种夺人心魄的蓝。跟以往劳力士在Submariner表面上用过的有金属蓝有所不同，它带着粉粉的瓷化感觉，看起来有别样的儒雅，不适合那种斗大的字认识不了两箩筐的人。如果说以前那种蓝够阳刚，那新的蓝就是以柔克刚。逆时针单向旋转的蓝色外圈是陶瓷制成，我相信表面的蓝是专为匹配这种色调而调制。于是我们看到的，就是另一种风貌。很久没潜水，我想像这种美丽的蓝也许在深海中会展现更感人的魅力。Submariner的可潜深度为305米，腕上那堪与珊瑚鱼比美的色泽（请看我故意在亮度不够的环境里拍的照片），直如海底出现了令人眼前发亮的一抹蓝天！

为了那蓝，我自然不能错过它。大概22万港元的定价，在现在许多表都太贵的环境中它是很克己的。光是金子，也有好几两了，劳力士从来不惜工本。它的机芯，当然用了全新的专利Parachome蓝游丝以及伞形避震器。所以，在运行品质上，它是无懈可击的。至于它的基本设计，如果任由我改动，我希望它没有日历窗，没有水泡放大镜，或者日历窗的碟片也是蓝色，现在的处理欠了一点我渴求的均衡美。但，此表的蚝式链带却令我很有好感。在毋须任何工具的情况下，它可以轻易调节超过2.5毫米的长短。链带内盖上有一格格的轨，就为加减长度而设，只要把链带拉出来推前退后即可。2000年之后，劳力士在细节方面花了许多心思。每一个创新都为了使用的方便，每一个发明都是为了让表走得更好，如今还肯这样做的品牌岂止不多，简直绝无仅有！

从粗豪的外观，看不出此追针表的机芯如此精细

出师未捷　遗美人寰

世人恒以成败论英雄。我觉得，黯然离开一手创办的豪爵表的Carlos Dias也是真正的英雄。

从三个人即Roger Dubuis、Carlos Dias和他的千金起家，到拥有了自己的机芯制造工厂，这10多年的路不好走。他的工厂，不单能做外形惊世骇俗的表款，而且能做出功能创新的复杂机芯，实在不是容易的事。兼且，他的机芯勇敢地打上业已绝迹的双日内瓦印记，得到侏罗山边境上的法国陛萨冈天文台认证，也在制表业的平湖上扔下了一个大石，溅起了无数浪花。千矢万箭从背后射来，乃是必然的事。结果，他真的出现了重大财政困难，被迫将工厂及品牌拱手让人。如果能多给他两三年时间，他的大志会否成功？

现在，豪爵已归历峰集团所有。因为怕某些大陆富豪不知道这是瑞士表，历峰给它一个不知所谓的新中文名字。但到目前为止，豪爵卖的还是Carlos Dias设计创作的东西。前两个月，香港方面拿了一只Excalibur系列的追针表给我把玩，老实说我放在保险箱里动都没动过，要仔细欣赏的新表太多了。到要归还的那天，我随便翻过表背看了一眼，一片鸡皮疙瘩从肩膀而起麻遍全身！

Excalibur系列都用豪爵自己设计生产的复杂机芯。这枚红金的追针计时表，口径45毫米，双针盘，追针按钮在10时位置。上链表冠用"油箱盖"保护，上链时将盖子掀开就好。操作性能如何不说了，计时表都差不多的。震动我的灵魂的，是精美无伦的机芯。看过百达翡丽5970与5004的人都知道，两者的价钱差不到一倍，但后者的机芯的精美度却是胜过前者许多许多倍的。Excalibur的观感，就在5004那一级。那些星岁棋布犹如头发丝大小的弹簧，经过细心的打磨，看了叫人心跳。假设它们都由线锯机做出来，那后期的人手加工也非寻常。两个星柱轮都有上盖，为此部件加盖的原乃百达翡丽的拿手好戏也。令我更叹为观止的，是设于追针星柱轮装置之下的自动摆陀。这枚珍珠陀，有红铂金相间的图纹，你想不到Carlos Dias会把上链装置设于此处，而且走动得很有效率。什么是创新？此之谓也。

看了这只表，我很希望这机芯能用在传统尺码的圆形Hommage之上。也许，这样的组合能很好地突显机芯的优秀，免得被过于夸张的奢华超越。倘若Carlos Dias在任，我想我要求得话，这样的表会成为真实吧。一句兆头不好的话此时忽然涌上心头：老将一去，大树飘零。受薪"CEO"会不会还有这种盖世枭雄的霸气，并且将睥睨天下的风格用在创作上？我祈祷，这份有着革命DNA的家业，千万保存下来才好呀。

采用三天动力新机芯的LUMINOR 1950潜水表

又有新机芯

沛纳海自制的P.2000系列长动力机芯，加入了更多不同的复杂功能，给沛纳海迷及爱表人带来惊喜。它们的性能卓越，造型优异，使沛纳海腕表在充满本身个性的同时，也能有丰富的内涵。以往，顶尖鉴赏家只收藏装置劳力士、Omega或Angelus等品牌古老机芯的沛纳海腕表，P.2000面世之后，他们有了新的追求，至少P.2005的烧鸡陀飞轮就不是其他品牌共有的。我的一个大收藏家朋友一口气买了不同型号的三只，他说既有型又超值！

总裁贝纳提事先张扬，沛纳海将生产较"大众化"的自制机芯，供应中上价市场，定位在P.2000系列与Unitas之间。2009年，这个系列的机芯终于来到我们面前。它定名P.9000系列，在构造上表现了沛纳海稳固可靠及美观简约的风格。

前两年我曾和贝纳提先生讨论过这系列机芯的设计。既然定位在Unitas之上，我认为口径应该在16法分之谱，以在性能及观感方面达到更高水准。贝纳提先生指出，这款机芯将保留与Valjoux 7750相同的13¾法分口径，以配合未来发展的需要。他说，这样的口径会进退自如，不管潮流或者需求有怎么大的变化。2009年看到新机芯了，觉得他的想法是合理的。管理一个大品牌的人，总不该像我那样以"玩"为上。其实，除了陀飞轮，就算是顶级的P.2000系列，口径也都是13¾法分的。新机芯的造型与P.2000系列一脉相承，尤其夹板表面拉出直纹细丝，边缘倒角抛光的处理十分相似。

根据功能的多寡，P.9000机芯现时有3个版本。它们都使用两个发条鼓，具备3天（72小时）的动力。有赖精巧的棘齿装置，它的单体式摆陀可以双向上链，可以快速将发条旋紧。它的摆轮边缘有4颗方形等时螺丝，摆动频率为4赫兹，装备英卡保洛抗震装置。功能方面除了日历指示，还有拉出表冠便制停秒针的机械，更容易地对准时间。机芯采用hunting密闭式，夹板外还有一块保护大夹板，机芯厚度7.9毫米。

新的3天动力自动机芯，2009年装置在Luminor 1950之上。最基本的P.9000，有3个型号。我自己最感兴趣的，是47毫米钛金属的Submersible（PAM305）。它的表壳磨砂，而外圈在顺圆周拉丝之外边缘是抛光的，令这特殊设计更有立体层次感。这个逆时针单向旋转的外圈，内部有棘齿令它在调节时每分钟逐格跳动，大小圆点的5分钟刻度既易看也好看。此表配有沛纳海标志的横纹橡胶表带，另附一条后备表带。另两个装设P.9000机芯的型号，为44毫米的316L不锈钢Marina，它们的表壳磨砂，外圈抛光，有浓重的沛纳海特色。此表款可选皮带版本（PAM312）或新型链带版本（PAM328），具备300米的防水能力。

帝舵历来最高防水性能的表

帝舵出新招

参加这两年的国际大拍卖，我看到了令自己诧异的现象，帝舵的古老表总在激烈的争夺下以很高的价格成交。特别在日内瓦的拍卖，总是瑞士人跟日本人的比拼，而且总是归于后者囊中。可能使用了与劳力士相同的机芯吧，某些设计独特的计时表，甚至能卖得近20万港元之数，身价比几年前高十倍八倍。看来，帝舵的超值特色，终于赢得了顶级腕表鉴赏家的肯定与垂青。

1926年便正式注册成立的帝舵表，目标是争取更广大的中级消费市场。这个档次的消费者，对品质的要求一点不亚于最挑剔的资深手表爱好者，但更希望价钱能符合他们的预算。1946年帝舵表在日内瓦设立后，便戮力生产价廉物美的表种。1950年代，自动上链的帝舵蚝式Prince和Princess好评如潮。1960年代初期帝舵乘胜推出Prince Submariner，进一步打入运动表范畴。1971年面世的帝舵Oyster Date Chronograph，被爱表者以及赛车迷称之为"保时捷计时表"。此中的某个型号，还得到"蒙地卡罗"的昵称。它有特大的口径，硬朗的线条，多色彩的外观，历时近40年恩宠不衰。在拍卖里高价成交的项目，多是这个设计的表款。

帝舵在集团内的角色，是坚持自我不断突破的前锋。甚至可以说，这个品牌是劳力士的马前卒，市场广为接受的方用在后者之上，例如大口径。近代帝舵的作品优雅而前卫，秀丽且活跃，经典但时尚，所以有"Be Anything But Obvious"的口号。2008年他们日内瓦总部的一位高层跟我说，2009年的帝舵表将令人刮目相看。于今所见，此言不虚。

此中我最喜欢的，是深潜型的Hydro 1200自动表。它的口径为45毫米，如果不算某一两只特制的prototype，它是帝舵最大的手表了。而且，它的防水能力达1,200米，也是该品牌能潜得最深的表，打破同集团的Sea-Dweller保持了多年的纪录，当然劳力士已有3,900米的Deep Sea称冠。Hydro 1200的造型伟岸而细腻，并由雄壮硬朗的表耳于表冠护肩带出了坚毅的个性。 表冠上的红色盾牌标志，凸显了此表的重要地位。潜水表不可或缺的黑色单向旋转外圈，配衬着表面边缘的斜面刻度，计算起来更方便清楚。黑色面盘上有大圆点的夜光时标，并以红色印字注明了它的功能，迎合了高要求运动表爱好者的品味。它的指针镂通，银色的是时针，红色的是分针，而秒针更是美丽的尖圆点长箭头形式，使人联想起航海仪表的指针设计。特别结构的表壳， 3毫米厚的水晶玻璃， 配合9时位置表壳边缘的排氦活门，达到极高的防水性能。它的新链带十分出色，除了有伸缩链节的橡胶带，还可选择不锈钢夹黑色陶瓷的五排链带。

如果面世的时间合适，我想此表会成为2009年最热卖项目之一。

全黑的Daytona

全黑的Milgauss

ALL BLACK

世间万事万物，上兆于天，下应于地，从古至今，无一例外。庞贝太奢，引来无名天火；道光过俭，种下辱国之殃。这几年，钟表业也出现多种令人侧目的时尚潮流，看来预示着某些变化之来临。至于这变化是好是坏，尚难绝对推论。但我觉得，如果以丑拙以不便作炫耀，那结果必然堪虞。

其中一股潮流，曰All Black。

所谓All Black，乃从表壳到表面，从机芯到表带均为黑色。我买的第一只"全黑"，是 Porsche Design的出品。1997年，保时捷先生买下了绮年华，做了一只以Valjoux 7751三历计时自动机芯做的纪念手表，黑壳黑面黑链带，黑底盖上刻着老人家的签名，相当新奇。在下历来贪新鲜喜奇异，得到老人家的特别允许，即时订了1,997只限量之中的1997号。可是，表到后很快就不怎么喜欢了，实在太黑了。而且，All Black的发音，近乎广府话里的"疴blood"，这个香港流行词的字面与暗喻意思是什么，不用我多说了吧！

前两三年，春风得意的金融界及IT界精英们认为低调一些好，"全黑"终于全面地流行起来。爱彼皇家橡树离岸型的Alinghi，Hublot的Big Bang，沛纳海的Black Seal，都以这种特色大受欢迎，而且有很高的溢价。而表壳上的黑色处理，也从传统镀铬提升为PVD、DLC或是更珍贵的黑陶瓷。我买了陶瓷的Black Seal，还是感觉太黑不好，换上了蜜糖色的鳄鱼皮表带，结果很多人都说变身成华贵了。

"全黑"是不是预兆了金融海啸的出现，我不敢断言。但如果说完全没有关系，我也不会同意。不过无论如何，直到今时今日，"全黑"依然是尚未衰竭的潮流，还有不少品牌做"全黑"，还有不少表迷追逐"全黑"。此中最受欢迎的，算是沛纳海的PAM026与028。不过，这两个型号也的确是黑的才较好看，并非为黑而黑的趋时货色。

某些品牌，的确可以用黑色来表达阳刚与粗豪，例如沛纳海，例如劳力士。奇怪的，劳力士却不肯以全黑设计来破坏自己的传统特色。当然有需求就有供应，现在市场上明显地多了后做的黑劳力士售卖。在安帝古伦，有过Submariner、Daytona的成交，最近还有新款式Milgauss的推出。黑面的Milgauss，市况已花开近荼蘼，炒焦了此表的人，有了一个新出路。名叫Pro-Hunter的厂家，专门将劳力士表改黑色。既然曰"改"，那就未必是全新表做出来的了。幸好，"全黑"劳力士现在能卖得很好的价钱，可以是原装表的一倍或以上之数。平心而论，这个工场的后加工是既有心思也有品质的。

我也不是完全抗拒"全黑"。近年在巴塞尔订的Glashutte Original陶瓷万年历，我就觉得比金的比钢的都更好看！

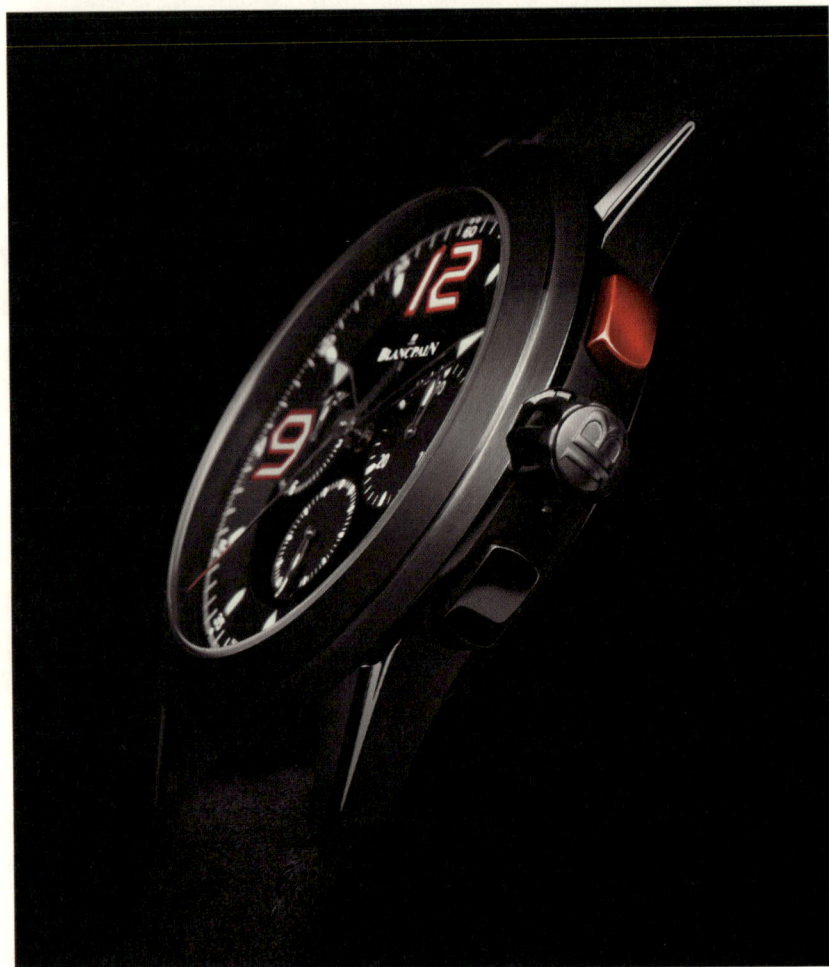

宝珀蓝博基尼560ST计时表

终于轮到蓝博基尼

在意大利艾得利亚举行的FIA赛事，是2009年蓝博基尼Super Trofeo赛事的第一站。

同一品牌同样规格的跑车，比赛起来可能更考驾驶者的功力。在2009年的赛事里，使用的是蓝博基尼的Gallard 560ST车种。它是四轮驱动，使用全新5.2升V10引擎，具560匹的马力。在蓝博基尼车场所在地的波隆拿，以及艾得利亚的赛道上，我都试坐过这辆超级跑车，感觉到其优异的性能真的令人拍案叫绝。波隆拿的双向单程山间小道，绝难想像它能用每小时230公里的高速奔驰，期间还有各式各样的车辆络绎不绝。它的加速、刹车和动力都是第一流的，相信会令许多车迷产生兴趣。

宝珀蓝博基尼Super Trofeo赛事包括六个站，除了首站的艾得利亚，还有英国的Silverstone、德国的Norisring、比利时的Spa Francorchamps、西班牙的Catalunya以及法国的Paul Ricard。参赛的有30辆Gallard 560ST，每辆车允许有两名车手。宝珀总裁Marc Hayek亲自披挂上阵，驾驶24号车。在艾得利亚的三场赛事中，首场30分钟赛事24号车得第五名，尾场40分钟赛事得第四名，中场30分钟赛事得季军，以新手来说试是难得。

为这次比赛，宝珀自然制造了限量纪念表。它命名为Super Trofeo，并以全黑外观配合跑车的原有设计。此表在巴塞尔展出，有朋友对我说那黑色不好看，但只要见过560ST跑车，你就会发现那黑竟然是百分之百地表车一色。它是43.5毫米的不锈钢外壳，外表是DLC类钻石碳素，极耐磨损，看上去很冷酷。透明的表背，可以欣赏到也是全黑的计时自动机芯，黑色18K金自动上链陀还刻有"Super Trofeo 2009"字样。在黑色的表盘上，有"9"及"12"两个白底红边的阿拉伯数字。三个计时盘中，3时位置的30分钟计时盘特别大，正很好适合蓝博基尼赛事使用。由于手表有飞返启动的计时功能，所以其中一个计时按钮为红色，指示此表除了可以使用常见的计时操作方式外，还可以使用此红按钮操作一按启动功能。

此表的限量仅300只。据说，即便金融海啸令经销商下单异常谨慎，但Super Trofeo在巴塞尔大展的前期就被抢购一空。要得到一只，请早些找相熟店家想办法了。

Panerai PAM341

比许多钟还人的表

大概好几年前，一个富豪朋友给我看他刚从意大利买回来的大"钟"。花了10万港元买的这个"钟"，口径极大，系有一根斑驳的古旧黄牛皮表带，可以戴在腕上。仔细一看，上有Radiomir字样，原来是Panerai的出品。朋友跟我说，据闻Panerai正准备筹办自己的博物馆，这样的东西必然成为吸纳项目，买下来将来一定有钱赚。

那个时代，我并不喜欢Panerai。见到那比我的膝盖小不了太多的表，更加没兴趣。朋友后来大彻大悟，出清藏品退出收藏圈，那只绝对地极罕有的表，未悉最终归于何人之手。我后来当然知道，这只表在1956年为埃及海军试做了约50只，装置护桥压把防水装置。而为了避免将拉杆拉出拉入加快磨损，此表没用Panerai惯用的劳力士怀表机芯，改用了有8天动力的Angelus。

长动力自此成为Panerai强调的传统，虽然埃及海军并没有再大量地订造这款Angelus。也许50多年前Panerai是想借这款机芯大展拳脚的，因为历峰收购这品牌后发现，货仓里还有近200枚这款机芯。这款8日链机芯，后来用在生产编号PAM203的Lunminor 1950之上，限量150只。朋友们都知道，这个型号是Panerai史上最受欢迎的作品，金钱价值高过该品牌所有时期的各种型号。定价大约15万港元，展出时所有人都说贵。我起初也觉得很贵，但受不了那古雅风格的诱惑，只看一眼就力排众议买了一只。现在此表已经飞上枝头当凤凰，人们的看法已经完全不一样，没人说它贵，也没人说它丑。即使是金融海啸，203的身价也没降下来。2008年12月的一次拍卖里，它还能以84万港元成交。

埃及海军的Panerai，机芯做了203，外壳化为可能在2009年底上市的341。在SIHH看见341，不能不拍案叫绝。它将当年的韵味彻底地呈现出来了，我想起大"钟"拿在我手上的日子。此表依然是60毫米的超大口径，但表款物料从不锈钢改为钛金属，戴在手上就轻便了许多。表面与203的布局一模一样，灵感同样来自半世纪前的原作。旋转外圈当然比旧款更好看，现在的加工技术毕竟有很大的进步。它的内部，装置了品牌自己开发的8日链机芯2002，达到当年的长动力要求。此表的命名是Radiomir Egiziano，不过，为依原作，它有现代Luminor才有的拉杆护桥。

此表限量300只，定价19,000欧元。我在想，如果将工厂里还有的三几枚Angelus机芯装在此表壳内，再换个透明表背，必然成为Panerai的最巅峰作品！

使用新机芯的规范指针单按钮计时表

蚊型厂的惊天作

我很欣赏的Villeret 16-29人手上链计时大机芯，听说已经用完。最后的一批产品，便是2008年推出的大明火珐琅表。还没让收藏家广为认识呢，就已告别人寰，宁不欷歔？听说，此机芯的剩余少量，将只用于制作"订制款"。我曾尝试订制一种特别颜色的珐琅面，价钱为95,000欧元，只得黯然作罢。超过100万港元买一只"单"计时表，在下寒儒一个，没有这种本事。

Villeret的表，装置有可能是瑞士最讲究的机芯。在"艺术级"CNC机器、电脑线锯机大行其道的今天，还有人笨得坚持全人手制作，已有几分匪夷所思。看了那种叫人怦然心动的美，那更是难以自持了。16-29的万宝龙版上市只两年，就算全部卖出，也只是134只。就这样停产了，岂不是很可惜？

在2009年的SIHH之上，万宝龙宣布在这个Villeret 1858系列加入新款，它用了在16-29单按钮计时基础上增加了更多功能的16-30机芯。喜欢多功能复杂表的"玩家"朋友，有了新的竞逐目标。

除了单按钮计时。这款新表改用了规范式指针指示时间。大概所有人都知道，规范指针是时分秒三支针均不同轴的设计，那是调速师用作参考的标准模式，使每分每秒都轻易看清楚。现代人还有没有用？那是明知故问。然而，很多品牌都将之鼓吹为"较"高级的表种，我们也就随众将它定为较高层次吧！

然而，Villeret的这款新表不单是规范指针，还是两地时间的设计。同在时针盘上的另一根家居时间指针，由10时位置的方形按钮调节。与此同时，2时位置的超小型针盘表明了此时针的日夜。能花大价钱买这类表的人，当是寰宇飞行的常客，此布局的本身，应该是相当合理的。

我自己很欣赏的，是位于6时位置的"长短棍"动力贮存指示。在正常情况下，动力指针如常在剩余时间刻度上行走。但如果动力只剩下12小时以下，长银针下会跳出一根"紧急"红指针，走在"Bas"（低量）红色刻度上，提醒主人马上上链。将机芯的每个部分精雕细琢，将功能的每个小节妥善安排，这就是怀表时代的瑞士制表传统。可惜，今日肯这样做的厂家夸大一点说也只是屈指可数了。

16-30机芯有超过300个部件，齿轮、游丝、摆轮及宝石轴眼都不是现在常见的级别，从中可以了解什么是讲究。它的制作量，三种金壳加起来依然仅仅是67枚，拥有的人多不到哪里去。

宝珀的单按钮计时表有香艳的华贵

首款单按钮自动表

我很喜欢单按钮计时表。说起来，双按钮计时是单按钮的进化。双按钮使操作更容易，也使机件更耐用，但整体的平衡感变坏了，在视觉美上差强人意。单按钮只是在无法放弃的表冠上加多了一点点东西，却有完整的计时性能，何乐而不为？时间计算是钟表的最重要功能之一，虽然对我来说未必很中用，但单按钮有这功能，又没有了双按钮的丑，就用它来作计时藏品的代表吧。

既然喜欢美，那计时装置里有些奇丑的东西我是极抗拒的。首先第一点儿，就是叫偏心轮或者凸轮的cam。这东西，未必在操作上有特别大的劣处，未必寿命会低，但那种丑陋的简化的构造，那为了省钱省事的设计目的，我无法接受。 第二点不能接受的，是使用钢线做弹簧。100多年前，日内瓦的表佬搞了一个日内瓦印记守则。这个守则有12条细节，而最后一条规定：所有制动弹簧不能用钢丝制成。

如果要达到这两点，在今日的"高科技时代"很难。也许，客气一点说，世上有七成以上的计时手表不及格。但我还是喜欢单按钮计时，即便他们的设计有点差强人意。于是，在宝珀推出自动上链的款式之后，食指又大动了。

选来选去，买了红金壳巧克力色面的品种。这两种颜色的配搭很是流行，但宝珀的巧克力色最好看。宝珀称这种色为"哈瓦那"，虽然我自己觉得它与雪茄或者烟草的颜色并不共通。这块表面为双色泽，哑色的部位衬白色刻度，中央是亮面的细丝放射纹，而三个针盘有圆环纹。小小的咖啡色日历，藏在6时的时间秒针盘内。这样的组合，实在美不胜收。

要看机芯了。它是较基本的设计，看得出机械生产的遗泽。不能很精细，但又在结构上无懈可击。18K白金的摆陀与上链序列的夹板，刻有日内瓦条纹；盖着传动齿轮的夹板，则刻上鱼鳞纹。薄薄的星柱轮，星齿数不变，柱数则减为4。至于弹簧是钢丝是金属块，由于属所谓垂直耦合的设计，计时部件设置于表面一方，看不到了。 它在同厂机芯的打磨中算是中级偏低水准，以售价看那是无可厚非的，起码它与普通品牌的7750不相伯仲。请别怪我挑剔啊，我早就是宝珀陀飞轮与三问表的用家了。当然，我很喜欢此表的外观，宁愿多付十万八万买得像宝珀新8日链德国银机芯那样的装饰打磨水准。

整体运作还是不错的。多数单按钮计时表的操作都要比较用力，此表也差不多，但反应无疑能用敏捷二字形容。戴在手上不大不小很舒服，我欣喜它没有用宝珀的折叠扣。大概，值得我称赞的折叠扣款式屈指可数。

伯爵首只钛金属的计时表

贵族世界的钛金属

1978年，伯爵表Polo面世。与其他早一点诞生的经典手表不同的是，Polo开宗明义，只用贵金属做表壳。甚至，在一段长时间里，Polo只有黄金的版本。这一点坚持，使伯爵的表坛珠宝大师地位更加稳固。Polo没有不锈钢，只有属于贵族的物料。

但是，到了新的千禧，世界变了。Peggy给我看了2009年的Piaget Polo FortyFive。不用贵金属而自有其贵，虽有其贵气但也时尚逼人。顾名思义，Polo FortyFive是45毫米的口径，属于比较大型的作品。它是品牌首个全用5级钛金属做壳的系列，并以交错的亮面抛光及缎面拉丝营造出Polo的固有风格。5级钛比金或者钢硬很多，打磨起来更为困难，特别是做出贵金属的富贵气派来更加难，伯爵的制表大师给钛赋予了新的个性。连接在表壳上的是橡胶表带，哑黑的橡胶面上等距镶嵌上抛光处理的亮面不锈钢，进一步伸延了Polo本身的对比呼应设计。当然，我特别喜欢它的钛金属双折扣，这个折扣还有松紧的调校，两个折扣都有一个按钮，将表带作每边大概5毫米的伸缩，那不单可作厂方宣称的冬夏调节，其实也适合不少人的手腕，迎合了各种需要。

它的计时表当然最合吾意。内装的880P机芯，也许朋友们在2007年的Polo红金计时表上已经看过。但，在Polo FortyFive上的新貌，却依然令人投注深情。首先，两个计时按钮顶端都嵌上了橡胶装饰，使整体更为硬朗。同时，原本在10时位置的第二时区时针隐蔽按钮，改为可以直接用手指调校的胶顶大按钮，使用起来更加方便。轻轻按动，表面左侧针盘上的时针便会向前跳动，可以很快调出所需的城市时间。此表的黑面型号上，有红色的计时秒针与不同的刻度，看起来清爽也清晰。它的上方有三连弧形大日历窗，其下方为时间秒针，后者是垂直离合计时机械带来的重要机械特征。至于3时位置的针盘，则为30分钟累计计时针盘，旁边的铭牌注明了它有一按飞返重新开始计时功能。表壳的透明表底，可以看到重要的星柱轮装置，我认为不用这设计的计时手表都不值得收藏。同时，黑色的自动摆陀也即时映入眼帘，它上面刻有伯爵家族的徽章，凸出了这个30周年纪念型号的地位。

880P机芯有双发条鼓，具备50个小时的动力贮备。它的基本机芯，为动力能量高达72个小时的800P自动机芯。除了黑面，Polo FortyFive还有白面的设计，适合不同的爱好。这次，伯爵准备一网打尽：你喜欢自制机芯？喜欢华贵的特质？喜欢时尚的外观？喜欢独特的设计？都可以在即将一炮而红的Polo FortyFive之上全部找到。

"IN" 入新世纪

Clerc的深潜手表一反以往风格

　　我很佩服有理想的人。我很欣赏有理想的人的勇气。纵千万人吾往矣。上战场枪一响，老子就下定决心，今天就死在战场上了。这样的信心，是钟表世界永不衰败的保证。虽然一将功成万骨枯，但不拼一拼，焉知道自己是不是天生的将？

　　这篇芜文要讲的Clerc，就是一个敢于拼搏的新品牌。他们创立不到10年，但从不随波逐流，坚持自己独特的前卫个性，有完全属于自己的外形。在商业上，他们不算成功，毁多誉少，所以在人云我

云的 些华人市场中没出现过。最近，经过一段长时间的挫折与思考，Clerc想出了一条新路，那就是不单有自己的前卫个性，而且加入了现代流行的运动元素，并且将后者提升到主题位置。看来设计师是一个年轻人，他把年轻人想到的东西都融汇于其中，有沛纳海的影子，也有Offshore的血缘。这一仗，成功机会是很高的。

在尖沙嘴景福看到Clerc的Hydroscaph，我马上就要拿来试用。它硬朗雄刚，但结构细节又无懈可击，忒是21世纪够"In"之作。除了外形有型有款，功能也是具吸引力的。简单地形容，Hydroscaph是一只有动力贮存指示的1,000米防水两地时间自动表。

此表个头相当大，50毫米的直径，厚16.3毫米。但戴在手上，全无笨重的感觉。我想，这里该有几个原因。首先，它的外壳使用五级钛金属制成；其次，表壳的边缘有镂通的弧环，减少了重量；第三，它的橡胶表带很柔软舒适；第四也是最重要的，它的表耳及橡胶带的结合处有考虑周全的角度，很贴手腕的曲线。加上够短的钛质双折扣，没有金属的冷冰感及硬角度，在手上就很舒服了。

既是潜水表，当然必须有性命攸关的旋转分钟计时圈。这个旋转圈，设计很有独创性。在外观上看，它有四个斜切面，使相对宽的旋转外圈更顺眼。这个外圈，不是普通地用手指转动，而要掀起2时位置表冠上的半封盖，然后将之旋转，就能单方向转动分钟圈。相对的是10时位置另有一个小按钮，只要将它旋转松开，就可以用作表面上24小时针盘的橙红色时针调校。而在6时位置，有一个一旋转碟片指示的动力贮存显示，并标示满链是最多可走47.5小时。此表表面的镂通时分针末端是Clerc商标的传统表壳形状，时标是阿拉伯数字夹大圆点的组合，给人很扎实稳固的感觉。

既然有1,000米的防水，在表壳方面自然考虑得很周到。除了使用可靠的垫圈，它的底盖和表耳都用六角螺丝固定，没有专门工具难动分毫。而很特别的是，现时的深潜表款都没有透明表底，Hydroscaph却有一个圆窗，可欣赏有避震器的摆轮轴眼。同时，为了让整体看起来更和谐，它的氦气排放阀门也设在底部，使全表看来不与人同。在晚上，它的大号夜光很亮很漂亮，鲜艳的荧光绿发出诱人的光芒。它不像劳力士，也不像沛纳海，绿光似是漂浮在表面上。好久好久没有去潜水了，拿着这款表突发奇想，找个地方去潜几天水吧！

7031

703 2

四十年前的前卫

两年前的年底有一天忽然觉得很无聊，便买了机票孤身飞到日内瓦看拍卖。那一次的结果，首先是居然买了三只陀飞轮手表。然后我很惊讶地发现，帝舵的计时表忽然之间变得很值钱。

那场在河畔四季酒店举行的拍卖，来了许多日本人。原来，他们的主要目标除了百达翡丽的铂金表，就是帝舵的1970年代计时表。几帮人戮力争夺，使这类我完全不放在眼内的表都以过2万瑞士法郎成交。那个时代，没有Paul Newman表面的人手上链Daytona也在相近之数而已。而我相信在此之前，帝舵古老计时表最多值两千瑞士法郎。

1980年代之前的帝舵表，机芯、表壳及链带都署劳力士的名字。而且很特别地，劳力士的新功能试验，往往都用帝舵的名字进行。例如劳力士现在还没有的定时闹表，有日历的计时表，甚至自动日历的三盘计时表（首先支持7750的品牌），都在帝舵名下出现。在我疯狂搜猎古老表的1980年代末到1990年代初，曾见过许多罕品。但，我当时对所谓"副牌"没兴趣，甚至连所谓new old stock的帝舵闹表都遇到了，2000港元也不肯买下来。

但，比较特别的古老帝舵表，现在人们都将它与劳力士等量齐观。多数计时表，都值6位数字的港元。至于1970年代的最早款式，往往能卖20万港元。现在认真欣赏这样的表，可以发现原来这个设计的表竟然赫然拥有今日最流行的特色！

在Daytona的口径只有36毫米的时候，帝舵已经是40毫米。在1970年代，所谓boy-size的34毫米尺码最受市场欢迎，Day-Date的36毫米已经是过大了。40毫米的计时表，无疑是一次大胆的试探。同时，这款表有色泽鲜明的计时针盘，勇敢地表现火辣辣的运动气质，也是当时的手表设计不会涉及的。可以想像，在相对的保守的年头，它必然卖得不好。

卖得不好的表就会成为罕品，帝舵计时表也不例外。近日金融海啸猖獗，手表市场不好，不过这款表依然受抬捧，毕竟存世的数量不多也。2008年10月的安帝古伦拍卖行出现的两只，都以高价成交。黑表圈的型号7031，得23,400美元；刻字外圈的7032，则卖了18,000美元。时运高就会神采飞扬，它们真的是越看越美丽呢！

粉红的粉红金

粉红金配黑面的新款

粉红金配黑针盘的表面更有特色

日内瓦机场的劳力士专卖店常常有市面上还看不到的新货，所以每次路过我都会进去"混吉"。

掌店的Anne已是熟人，虽然我没实际帮衬过，但还是笑脸迎人，看什么都肯拿出来。

这次合该有事。我进去问我订的"绿玻璃"Milgauss到了没有，照例付诸厥如。多嘴问一句，2008年巴塞尔的新款什么有货，也说暂时还没有，只是可以订。

这下"络住箩柚吊颈"没死矣。我最想买的是白金的Submariner，然后是红金的Daytona，于是一个一个型号问。问到后一个，Anne答道仓库里有一只，有人已付定金，不过可以给我看看。我岂没看过哉？垂涎其艳色久矣。但飞机还有很久才起飞，日内瓦机场的lounge又不是舒适的去处，又何妨一看？便着她拿出来。

一看便难自禁。在巴塞尔是走马观花，灯光又昏暗，没把它看清楚，而且单是Daytona就有好多新款。金粉细针盘的几种，就令自己心旌摇荡。红金Daytona，心目中留下的印象大概就是从来没有过而已，大概就是这种贵金属首次在劳力士的运动表上使用而已。劳力士表定价克己，买回来总不会伤心伤身，所以我买这个品牌的表从不吝惜。红金Daytona是要拥有的，但并不迫切。

然而细看之下，觉得这款表的红金红的非同凡响。一直以来，我把pink gold、rose gold以及red gold独一律译作“红金”，因为他们都没有属于自己的那种红。前面的形容词，其实都是bull shit。但劳力士的这一只，分明就是彻头彻尾的“粉红”！—— pink gold的pink，终于出现了。

无论红黄白金，主要成分都是金。以金做成的合金，总难避免暗暗泛出来的“黄”。有些品质不够好的18K白金，几年就黄黄灰灰的了。这几年红金就流行，但总带有一点黄味，即便所谓5N红金也这样。劳力士Daytona的红金，却有着独具一格的白。以白为基调，所谓“粉”的味道才能表露出来，否则就会向“橙”靠拢了。这只表没有了“橙”味，益显世家贵气。它的粉红，分明有几番旖旎，分明有几分收敛，与“富豪”的豪气割席分袍。

厚重的表，配黑色的表面。这样的布局，使人自然地联想起Daytona中的经典名作Paul Newman。Paul Newman已仙去，这款以他的名字命名的表将会更受追捧。红金黑面的Daytona，有3个红金的计时小针盘，肯定比钢的设计要动人10倍。人们狂炒钢Daytona，我是不以为然的。而且，长远来说我不觉得钢会占上风。有一个好例子，上述的Paul Newman价值甚高，却远远无法与金的相比。后者的时价，是钢的3倍或以上。

我没法忍受了，只能涎下脸来哀求Anne先把这表卖给我。“落定”的客人，只付了1,000瑞士法郎的定金，不够诚意呀我说。叨扰了许久，刚好经理巡店，作主先卖给我。开心得我呀，马上把信用卡掏出来。

承惠32,000瑞士法郎。

(10/08)

豪雅的十分一秒概念计时表

高端不只是高价

有个点头之交的朋友，曾创办了一个很优秀的茶餐厅连锁店。因为生意遍布香港岛，搞得十分红火，雄心勃勃之下在我家附近搞了两家酒楼。结果，酒楼成为他的滑铁卢，酒楼倒闭了，茶餐厅也卖掉了，自此一蹶不振。前几天碰到他，竟投身了一个此时此刻最没有前景的行业，做卖楼经纪去了。

这个故事教育我们：做茶餐厅的未必能做好fine dinning。引伸过来，就是做手表的不一定适宜涉猎haute horologerie。可惜，这一点没人同意，许多品牌都觉得自己是haute horologerie。人们以为，那是高价手表的别称，殊不知，那不单应该在功能与性能方面有不低的水准，更重要的是，作品本身有很高的艺术价值。这个价值，必须体现在外观造型与机芯布局装饰之上。而这样的价值，在三分之二的手表上是没法发现的。

前一阵子，我等了差不多一年的一只陀飞轮到手了。它的造型，比品牌的其他产品美观很多，起初我是很开心的。到得我戴起自己的老花眼镜，却发现经修改后的机芯十分丑陋，内里莫名其妙地空了一块，完全没有给它加一块遮羞布的意图。而且，机芯的零件没有稍为配得上它的定价的一半的基础装饰，实在粗糙不堪。在巴赛尔看到的是样品，没机芯的，根本不知道实物怎么样。到了此处，我开始埋怨透明表背的过于泛滥。如果没有透明表背，我不会在花了好几十万之后荷包空虚，心灵失落。

如今金融海啸来临，听表店说生意很不好。我的朋友老霍一次过在某家店上了一"飞"牌 —— 5960、5970和5980 —— 这在以前来说是不可思议的。我希望，人们能在痛定思痛之际，想一想是不是凡表都该做haute horologerie。脚踏实地，或许更能走出一条顺畅的路来。

买了豪雅的1/100秒计时表之后，对他们的明确定位很满意。做品质优秀功能合理的运动表，而不是在金额上花心思，我相信在今天的环境下这种坚持很值得让人深省。而且我也相信，在经济环境恶变后豪雅的苦心会令消费者心领神会。他们即将上市的Grand Carrera 1/10秒计时表，我认为是一款值得留意的好表。此表用真力时的El Primero机芯，计时的素质是无须怀疑的了。豪雅的新着，是给它设计了43毫米的镀碳钛表壳，并以鲜红色的元素为它赋上冷静中勇猛的个性。它的计时与计分针盘，使用了碟片指示式，有刻上日内瓦条纹的夹板相连。9时位置的时间秒针，则是垂直线性。特别与众不同的是由10时位置表冠控制的旋转式1/10秒刻度，使这更细微的刻度能清楚观看。此表的准确度得到COSC的证明，当然了，El Primero拿这东西易如探囊取物。

它用透孔橡胶表带佩戴，折叠扣也镀上碳钛层。

有多种色泽的帝舵女装计时表

感性地表达真我

我们小时候就知道帝舵。那个时代，常有所谓姊妹品牌的说法。欧米茄的姊妹品牌是天梭，而劳力士的姊妹品牌就是帝舵。从外观看，欧米茄跟天梭是风马牛不相及的。但当年的帝舵，却在很多细节上有劳力士的标记。例如不锈钢链带就有皇冠，例如机芯就刻有劳力士名字。那年头，不知道劳力士为什么要做帝舵。

今天不同了。每个品牌都应该有自己的路，不可以在别人的背影后亦步亦趋。帝舵的新路，是与现代艺术及时尚潮流挂钩，表现站在时代前端的地位。新的广告攻势，以红配黑的夺目，油画与水墨的技巧，给消费者带来耳目一新的印象。这个品牌是充满朝气的，是波希米亚的，正好恰如其分地反映着近代知识分子的追求。

既然列入Classic系列，41毫米Chronograph的个性是较为传统的。红色的大盾牌商标，与3个稍为凹入的计时针盘呈现上佳的平衡感。黑色的表面，上有工整的阿拉伯数字作时标。圆形日历窗设于6时位置的12小时记录盘内，由10时侧缘的隐蔽按钮直接调校。抛光的外壳，上配特宽的测速计外圈，显得洗练且沉稳。此表内置自动上链机械机芯，装设真皮表带或有"Tudor"刻字的不锈钢链带。旋入式表冠及相应的按钮防水处理，令它能在150米的水下操作。

使用与Chronograph同一机芯的列入Classic系列的Lady Chrono，是令我拍案叫好的出色设计。帝舵的宣传文字说它"感性地表达真我"，我觉得岂止表本身有真我，把它戴在玉腕上的女士也会有真我的个性，否则只配去随波逐流。它有白、橙、粉绿及玫瑰红的多种表面色泽，配同色系的橡胶表带。表面上彩色的时标圈，有8颗带圆托的美钻做时标，左右的两个针盘呈椭圆形，像两只冷酷地看着人世的大眼睛。6时位置的2小时记录盘，还有圆形的小日历窗如珍珠般沉在下方。测速计的宽外圈及表耳的侧缘，分别嵌有73颗与28颗细细的圆钻，优雅隽永同时有艳光激滟的芳华。因为极细钻难镶得好，我最近刻意买了一只镶上一圈1/3份（0.003克拉）钻石的某名牌白金表来把玩，但可惜石与石之间很疏离，没法达到Lady Chrono那样的流畅。细细欣赏Lady Chrono的芳容，我总在想，哪个玉人会首先懂得欣赏它，率先戴上它？

黑珐琅表面的单按钮计时表

只做十二打的机芯

万宝龙注资Minerva，使这具悠久历史的品牌有足够的财政实力作产品深入开发。但是，制造顶级机芯的人才越来越少，厂方也坚持贵精不贵多的原则，每年只做数百只表。而在新机芯开发上，也定下了每个种类不多过两个gross的标准。每个gross，数量等于12打，这是机芯制造业的传统行内数量术语。因此可以想像，每一枚腕表都灌注了大师的心血，一般的量产出品在艺术上和品质上都不能同日而语。

2008年是Minerva创办150周年。从秋季开始，"Villeret 1858"纪念系列的更多全新作品陆续面世。这个系列的所有腕表，表面均有"Pure Mechanique Horlogere"（纯正机械时计）字样，表壳用铂或金制成，而且都有专利的底盖揭开装置。轻轻启动位于两个表耳之间的开关，揭盖便可开启，得以欣赏打磨装饰美轮美奂的机芯。同时，底盖刻有"限量版本"、"万宝龙"及"在Villeret手工制作"的字样，而内盖则刻有制表大师Demetrio Cabiddu的签名。

如同2007年，"Villeret 1858"纪念系列有41毫米的标准型号及47毫米的大号。2008年最令人喜出望外的，当非大明火烧制的珐琅面计时表莫属。它的大装型号，装置16－29机芯，人手上弦。此机芯的布局，犹如百年经典再现。38.4毫米的大小，厚6.3毫米，有252个部件，22石，每小时18,000摆。它是按钮设于表冠中轴的单键计时表，采用星柱轮及平面离合。它的特大摆轮口径14.50毫米，惯性每平方厘米59千克力，用末端带菲烈式弧度的游丝，用鹅精颈微调校准。德国银的基板与夹板，上面镀上铑，双面打磨，人手倒角。齿轮镀2N黄金，两面均用钻石打磨，人手去角。它的动力贮存为55个小时，足够日常所需。前方的表面为实金制成，使用内填珐琅工艺烧上罕见的黑珐琅。

41毫米的型号，也是单键计时表，不过把按键从表冠移到2时位置。它装置13－21机芯，人手上弦。机芯编号前面的13代表口径的法分，约29.5毫米，厚6.4毫米，有239个部件，22石，每小时18,000摆。它的计时机械，采用星柱轮及平面离合。它的摆轮口径11.40毫米，惯性每平方厘米26千克力，用末端带菲烈式弧度的游丝，用鹅精颈微调校准。德国银镀铑的基板与夹板，双面打磨，人手倒角。齿轮镀2N黄金，两面均用钻石打磨，人手去角。它的动力贮存，增大为60个小时。前方的表面为实金制成，使用内填珐琅工艺烧上白珐琅。

依据从创办年份而来的"1－8－58"惯例，"Villeret 1858"系列每种腕表将做1只铂金的，8只白金的以及58只红金的。这样的小量生产，虽然会令表迷们暂时等得痛苦，但长远来说保证了上佳的收藏价值。

DEEPSEA是劳力士有最高防水能力的表

排气阀门

潜到最深处

现在的商用手表中，有最深防水能力的是Bell & Ross的作品。它有高达11,000米的防水能力，刚好可在10,916米海底的玛丽安娜深沟使用。不过，此表是石英的，表壳内还充满了矽油作压力缓冲。在过往的机械腕表中，有最高防水能力的是劳力士Sea-Dweller。2008年，Sea-Dweller再上一层楼，增添了采用多个专利发明的更深潜新型号DEEPSEA。

这款半个世纪以来最大的劳力士腕表，口径达43毫米。使用这个名字，是为了回溯1960年名叫Deep Sea Special的试验样品深入马里亚纳深沟，并且秋毫无损。新的DEEPSEA，使用了专利RINGLOCK全新结构表壳。此表的904L精钢中层表壳，内嵌具高性能氮素不锈钢的环，能更有效地削减加在表背及晶片透镜上的水压。它的表背，用高抗蚀性的钛合金制成，能很好地与中壳及钢环契合，达到高防水性。至于正面的弧面合成宝石玻璃，则比其他蚝式型号所用的加厚了许多，抗压性很强。这个专利结构，名字印在表面6时位置的磨砂内缘，显得十分夺目。

相对的，内缘的12时位置印有 "Original Gas Escape Valve" 的字样，揭示了此表的又一项特别装置。它是高性能不锈钢做的氦气阀门，大小吻合表壳的尺寸，使之达致完美的防水性能。这个设计，能在潜水的解压阶段时，释出进入表内的气体。这些含有氦气的气体，混在专业潜水员在深海加压时吸进呼出的高压气内，并在呼吸间伺机侵入手表内。如果不将之排出，便会在浮出水面期间快速膨胀，对手表带来伤害。这个排气阀门，设在9时位置的侧缘。

DEEPSEA的机芯，是新款的3135。它的准确度通过了COSC的测试，有48个小时的动力贮存。表面的白金时标与指针，在造型上显得更宽，并嵌入新的夜光涂层，在黑暗中发出浅蓝色。外缘的单向旋转分钟圈，由专利的CERACHROM物质制成。劳力士在这陶瓷外圈上刻出分钟数字与刻度，再以厂方专利的PVD技术嵌入铂金的涂层，使它更为美观大方经久耐用。

最后不能不特别一提的，是此表的链带。它用实心的904L不锈钢制成，可以很容易地调节长短，即使换上7毫米厚的潜水衣也能轻松佩戴。它的GLIDELOCK带扣，调节宽度达18毫米。只要打开表扣，就可以看到里面的中置带齿夹片，轻轻将它拉出或推进，每一格有1.8毫米的长短加减，总共有10格。调到适合的长度后，将带扣锁上就好。这个装置，使这款优秀的表真的达到friendly-using的目的，试过后必然暗暗叫绝。

法国专业潜水公司COMEX为劳力士特别开发了测试仪器，确保手表可靠并安全。DEEPSEA的防水能力证实可达3,900米，是原本Sea-Dweller的1,220米的3倍以上，成绩不可谓不惊人。执笔时有店家通知我，DEEPSEA将很快来港，并会优先预留给我！

5102G已经停产，很有收藏价值

金融海啸避风塘

2008年11月中旬，日内瓦有5个拍卖行，举行了一连四天的过10场钟表拍卖，拍品约3,000件。这5个拍卖行，包括安帝古伦、苏富比、佳士得，重出江湖的Patrizzi，以及在伦敦专拍杂项的Philippe。拍卖筹备了半年以上，当时并不知道金融海啸的出现，所以好表还是很多很多，并且有多得令人瞠目的古董陀飞轮怀表。可以说，这是钟表史上史无前例的盛事。虽然忙得头昏脑涨，但我还是抽出几天，参加这几个拍卖。这样的盛事不能错过，而且我还想看看大衰退下钟表市场的境况，还想碰碰买到出色作品甚至梦幻铭器的机会。

Patrizzi的拍卖是个创新。不收买家佣金，举牌时不用左思右算。但同时间举行四个拍卖的方式则不容易被接受，我想买的芝柏古老三金桥陀飞轮天文台表就和百达翡丽3445同时上拍，我只好全心投入前者的角逐中，幸而雀屏中目，买到了自己梦想了超过20年的表。不过，这样的处理肯定分薄客源，使某些session人气不够，例如某个破产品牌的无底价拍卖就只有少于10个人参加。我想，Patrizzi除了要解决不断出问题的电脑，寻找熟练的拍卖师之外，还要认真推敲具体程序的进行。这一天，瑞士许多钟表名牌的主事人都来了，可见这种新型式还是有吸引力的。

我最开心的是，在三大拍卖行里多数手表的拍卖结果都不错，以单独成交价来说并不逊于2008年初。其实，他们本来已经打定输数，大幅裁减费用。在现场，苏富比只设了一张小圆桌供应自取的可乐与瓶装水，佳士得的三场拍卖甚至连饮料都全省了。最后成果如此的好，相信超出他们的想像。而更重要的是，这几场拍卖证明手表收藏者的财力并未受海啸的影响，这个市场回复可期。想想其实也不难理解，喜欢上必须耐心等待的钟表艺术的人，不大会有侥幸博彩的个性，所以目前的消费低迷只是意欲问题，不是财力问题。

本想飞去捡便宜货，结果我买的东西多数价格只属正常，甚至有五六个lot是超越估价高位的。我圈定想买的东西，往往在高价之下拱手让人，其中最想买的百达翡丽卡地亚双署名"Check"珐琅表，在几轮紧接争持后落败，原来差一口价归于书面标的黄嘉竹兄囊中。这里我列出几个很有参考价值的成交案例，朋友们该知道走势如何。5102白金天文星象表，成35万瑞士法郎；3970白金万年历计时表，成13.2万瑞士法郎；3940黄金万年历表，成4.2万瑞士法郎；3700白金Nautilus，成7.8万瑞士法郎；3445白金古老自动表，成2.6万瑞士法郎。这几只百达翡丽常见款式的价格，不会比恒生指数三万点时低，在买什么都会有危险的时候，人们把手表当成资金避风塘！

"福寿颐和"的景色有天也有地

福寿同享便颐和

钟表钟表。在诞生的次序上，钟在前，表在后。

但今时今日，由于表是随身的东西，可以把玩炫耀，因此在极尽奢华方面，表走前，钟堕后。

然而，倘论考究，是远远无法与表相比的。钟可以调校得更准，钟有更大的平面供艺人发挥，它是很有艺术价值的作品。上个月，故宫旧藏座钟在佳士得高价拍出，应该使人对这种虽然不能带上街"威"的项目另眼相看。在这之前，我相信没人想像得到，它们的身价动辄数千万港元。

前两年在台北，我买了一个百万台币的小手提钟，自此迷醉于这有多种艺术表现方式的作品中。那是金雕和珠宝镶嵌的佳作，镂通的基板上是银河系的轨迹图，九大行星与太阳则是璀璨的美钻。这个小钟，令我有了新的梦想，那就是卡地亚的Mysterious Clock。不过它的身价不是百万台币，而是百万港元起点了。

百达翡丽的掐丝珐琅钟，也是座钟的极品。如果说该品牌的掐丝珐琅表值得买，我却更倾向用这笔钱来买他们的球顶钟。珐琅表是炒家恩物，珐琅钟却是百看不厌的艺术品。百达翡丽的球顶钟以三片弧形的珐琅片组成，构成一幅完整的珐琅画。半圆的球顶，也是配合主题的画，使整体一气呵成。每一个百达翡丽球顶钟都有自己的型号，换句话说每个型号都只做一只，都是独一无二的孤本。我买了"日内瓦湖与白朗峰"及"木马屠城记"，看得出都是艺术上比存世"景泰蓝"高许多层次的作品。2008年看中了新创作的"春天的玫瑰"，可惜沟通过几个渠道都没有答复，机会逊过渺茫，不知道最后谁有艳福拥有她。

为庆祝百达翡丽北京专卖店开幕，品牌创作了3个以古都名胜作主题的珐琅钟，分别命名为"龙兴紫禁"、"蓝宇天坛"及"福寿颐和"。它们的图案组成，都比以往的作品复杂，而颜色更为丰富，色泽也更加鲜艳。此中最多人喜欢的，当为描绘万寿山景色的"福寿颐和"。珐琅片上，有青山葱葱内的亭台楼阁，球顶则是有散花天女与守门天将的天宫风情。最特别的，当为钟面四周的"福寿颐和"中文字。它是清代拔贡时流行的四平八稳的"馆阁体"，也在翰林们手书御旨及宫廷牌匾中常用。"福寿颐和"四个字，集自故宫题字，并且修改成相同的大小及风格，真可谓用心良苦。

这三个钟没用传统的光能发电。我敏感地想到，世上独有的百达翡丽光能钟可能会停产，由"纯"石英钟取代。也许，在艺术上和机芯上都冠绝人伦的掐丝珐琅光能钟，很快就有超过同类手表的价值表达。现在，这样的钟只卖几十万或者最多一百万港元，太超值！

刻有日内瓦印记的萧邦表

机芯刻有百花品质印记的萧邦表

日内瓦印记的废立

就日内瓦印记的使用问题，瑞士几个大品牌进行着明争暗斗。

事情的发生，是自历峰旗下几个品牌大力宣传日内瓦印记在自己机芯的使用开始。江诗丹顿的新创作，几乎都刻有日内瓦印记，厂方宣布会在日后将这印记使用在他们的所有手表上。由于购入了豪爵设于日内瓦的机芯生产部门，卡地亚2008年的全新陀飞轮也得以使用了这个印记。刹时间，日内瓦印记"普及"起来了。

作为100多年来日内瓦印记的守护者，百达翡丽明显地对此表现了不爽。因为，在消费者心目中已奠定的"日内瓦印记＝百达翡丽"的既有想法，很可能因此很快被改变。有鉴于此，该品牌已半公开地宣布，不再使用日内瓦印记，准备使用一个新创的"百达翡丽"印记。

冰冻三尺非一日之寒。日内瓦印记的设立，最早原是地方保护主义的产物。100多年前，瑞士其他地区生产的机芯陆续进入日内瓦城销售，产生了重大的竞争，危及当地表厂的生存。为了保护地方工业，日内瓦政府通过了日内瓦印记法令，允许本地表商使用半鹰半匙的盾牌市徽作标识。当然，除了必须是本地厂商，制造者还必须在机芯处理上达到12个守则的要求。这些守则，几乎全是机芯打磨方面的约束。

今时今日，在打磨上超越12守则的约束，已是并不困难的事。爱彼的主事人就跟我说，除了没有在日内瓦设厂，他们的机芯已经完全符合日内瓦印记的标准。这一点，我想表迷是有所感受的。在另一方面，德国表更在机芯装饰方面极尽奢华能事，以朗格为例，我自己觉得比日内瓦印记的要求更是变本加厉的。

百达翡丽坚持使用日内瓦印记，我相信是以往大多数品牌的机芯都没有在美学方面下功夫，品牌可以此鹤立鸡群。他们也做了"超"日内瓦印记的手表，那就是5100及5101。既然如今很多品牌的表都到达了法例的基本要求，那百达翡丽是不该强调那必然的"基本"的。当然，用文字来规范新的"百达翡丽印记"，也会很难很难。美是无法用数字来计算的。我说过，同样有日内瓦印记，不同品牌的处理也会有高下之别。光是夹板的倒角，做得精跟做得到就要耗费绝对不同的时间及工本。

侏罗山谷百花镇的几个品牌，前一阵子联合推出了自己的QF品质印记。这个印记针对日内瓦印记而设立，无疑会在文字上提出更高的要求。很有趣的是，萧邦表有两个厂房，一个在日内瓦，一个在百花镇，于是就很神奇地生产了分别有不同印记的作品。最近，我特地买了装有1.96和9.96自制机芯的两款珍珠陀自动表，有空时会大卸八块，好好以12守则为基础比较一下两款印记的优劣。

藏表心路A到Z

收藏了20多年的手表，参观了15届的巴塞尔大展，时计已成为我生活中的重要部分。回顾这段历程，有开心也有欷歔。特别是2009年，钟表行业又遇上了一个低潮，更是万般无语。有感手表的价钱过于不合理，我曾在2008年中的一次采访中预言表灾将再一次来临，但想不到灾难竟用影响全世界的金融危机方式成真。Europa Star的老板在他的"社论"中指出，金融海啸并不是钟表业衰退的主因，只是一次机缘巧合的引导，其真正原因是钟表文化的衰退，钟表传统的湮没。我很同意这句话。在过去的20年里，机械钟表的艺术从卷土重来到蓬勃兴盛，经历了几次衰退，包括与整体经济无关钟表泡沫自行爆破的1993年，亚洲金融风暴以及SARS等等，只是情况未如这次恶劣。这几个月来，不断有品牌及媒体问我复苏的日期，我认为2009年中可以回复稳定，因为人们应该吸取教训调整横征暴敛的策略。想不到，禽流感还不够，海啸未平的人世间又来了一个兽流感。如果猪先生真的变身成SARS般威力的魔魇，那经济环境虽然不会万劫不复，也肯定会元气大伤。

抛开眉眼间的困境，忘却H1N1的杀气，我用26个字母总结一下在收藏历程里得到的不同感受。如能博君一粲，于愿足矣。

(5/09)

A for accuracy。手表当然要准，可惜就是准确度几乎毁了400年历史的机械钟表。小时候总喜欢听电台的"刚才最后一响"来看自己腕上的表准不准，石英表的出现，对秒针已经成为没有意义的事。我还记得，自己花"巨款"买了一只LED的石英表，按一下就有红色的时分秒数字跳出来，女友幽幽地说像我的心那样神秘莫测。当自己有了许多表，根本就没有时间一只只地对，把这乐趣交给越买越先进的测试仪。然而，所有测试仪都只是一种模拟运算，不是实时测试，我觉得该是COSC的那种静态实时照相检测才有说服力。然而，COSC的测试不装壳不装表面，自动的不装上链陀，有附加功能的不作启动，那又是另一种假设。成表的测试，如果也有个数据表印出来，我相信是人们的盼望。百达翡丽的新印记规定，他们的陀飞轮表会达到每天-2及+1秒的精准度。我说陀飞轮手表多数不准，这是一个令人感动的承诺。现在百达翡丽有四款陀飞轮手表：5101、3939、5016（5207）和5002，我好想选一只买下来，最大的可能是入门型号5101R。

B for balance。在机芯里，这个词应该译作摆轮。有读者送给我一本嘉庆年间古书的影印本，里面有很多现代专业钟表师在用的辞汇。不懂英文的前辈，将minute repeater译成三问，bridge译成夹板，plate译成基板，balance译成摆轮，何等地聪明睿智！现在的高人将balance叫做平衡轮，已经没有那种神韵了。以往，摆轮是机芯上最考究的设计，用开口的双层金属环对付温度变化，用黄金或铂金螺丝达成最佳等时效果，我想调速师调表时的心情也会因为那美轮美奂而心情大好。多数现代手表的摆轮已不开口，当然也不会有两层金属，甚至只在摆轮边缘上钻小凹孔来调节时间，即使准确度真的一样，失望也自难避免。我跟一个大品牌的陀飞轮设计师说，别只在摆轮上钻孔，起码用加权螺丝控制等时性，他回答说三年后会这样做。现在五年过去了，定价也贵了五成，但摆轮还是光头！

C for column wheel。星柱轮是计时表的重要部件，此零件上段是几条梯形的柱，下面是尖星齿的轮，为计时装置的拉杆提供引导与锁定作用。1985年之后，几乎所有计时表都用上简单的凸轮而放弃了它，只有百达翡丽和劳力士不为所动。我觉得，不用星柱轮的计时表是不值得收藏的，很多年前买过一只江诗丹顿的Medicus镂通表，就因为看到里面只用凸轮便很快卖掉了，好友还撰文笑我过分固执。现在，看到大部分新表都号称自己用了星柱轮，方感有迟来的吾道不孤。然而，像鱼翅有几十种价位一样，星柱轮也有很多品种很多级别，难看的比凸轮还难看。我买过不少计时表，也得到过许多遗憾。没人逼你，为什么买遗憾？人要交学费才能提高认识。而具体如何衡量？整体不应该太薄，柱数不应该太少，而打磨更应该轮廓分明外表抛光。

D for dial。表面的设计变化万千，最简单的喷漆印字，最复杂的用了微绘珐琅。然而，不用表面的设计也越来越多，不说绝不能用表面的镂通机芯款式，还有品牌索性将表面拿走，看到其实并不好看的机芯正面。这种处理，尤以计时表最常见。我看到有品牌的新闻稿将之伪称skeleton，其实只是faceless，顶多是open face罢了。

E for enamel。从法国移居瑞士的新教徒，为此地带来了精妙的珐琅艺术。现在，它是钟表行业的七大工艺之一。珐琅用在表壳上，当然有最好的效果，得到一枚Suzanne Rohr手绘的微缩名画珐琅怀表，是我梦寐以求的事。此外，积家Reverso那可翻转表壳的背面，也常有新艺流派大师穆沙的仕女图，我有幸得到一套"日与夜"，真有几可乱真的效果。而用在表面上，则又是八仙过海各显神通了。此中有单色的大明火珐琅，以金丝构成图案的掐丝珐琅，用刀在金片上刻出图案的内填珐琅，以至人手描绘的微绘珐琅等。后者当然最难，坦白说我从没见过满意的。Suzanne的师弟答应替我仿一幅Klimt，我在等。

F for fake。20多年最令我讨厌的，是看到冒牌表。以往越南人改出不拆表面就辨不出真伪的复杂古董表，台湾省人仿冒出很像的劳力士，但总不如由香港人主导的以广东为基地的百花齐放。有些品牌的表还是prototype，假表就已经在罗湖城出售了。近日中国政府打击翻版，这些知识产权的海盗暂时收敛。但很可能，政府要打击别的东西例如异见时，不伤害管治的翻版又会重现。野火未烧尽的草，正在阴暗处等待属于它们的春风。

G for Guilloche。这个字，很多人译成什么扭索。其实，它是有各种不同图案的表面雕花，见得最多的当为以古雅风格著称的宝玑。我觉得，为了容易理解，它可以用另一个英文词engine-tune（机械雕花）来形容。有朋友可能会质疑，不是有品牌号称hand guilloche吗？对的，那只是以人手操作古老机器作雕花，而不是用刀具进行的。真正的古老雕花机器，不接电力或水力之类能源，纯用人手操控，包括力道与速度的操控，需要资深的工匠方能进行。百达翡丽5098的表面就是这样做出来的，听说现在全厂只有一部这样的机器，只有一个半人会使用。

H for human。手表的真正存在价值，在于它是人类用心思用热忱经历冗长时间制造出来的艺术品。单用来看时间，单使用其附加功能，那根本毋须要精雕细琢的机械手表。电脑流行的日子，难免有人走捷径以它取代人手。甚至，高科技的表还曾一度甚嚣尘上。我不敢肯定，电脑科技是否无法取代人手。但如果那一天真的来了，手表将与手机或电脑笔记本同流，什么百达翡丽什么江诗丹顿，会与DGG或Decca同一命运。

I for identify。最好的品牌设计，应该有够高的辨识度。远远一眼便能让人看出是什么品牌，或者是什么型号，那就是出色的经典。现在很有辨识度的，有劳力士、沛纳海和伯爵。还在大海中漂浮的厂家，永远摇摆不定，不看商标便不知道是谁家的出品。

J for jewel。机芯的齿轮总有个轴心，为使轴心走得顺滑，就必须有个表面顺滑的轴眼。轴眼以合成红宝石制成，在化学结构上列入刚石类。用矿石烧成的红宝石圆条，经过横切后打磨开孔，就成为宝石轴眼。比较考究的，还要在中央磨出抛光凹面，以保存润滑油。为了让轴眼与基板夹板接合得更好，某些机芯的宝石轴眼设有黄金套筒，像百达翡丽的5101那样。我绝对不同意黄金套筒只是装饰，单为装饰，可以像新款劳力士机芯那样露出一圈铜胎。

K for karat。Karat用作表示金子的成色，四条九的金是24 karat，合金中金占了半数的是12 karat，这个词通常用 "K" 表示。现在的贵金属表壳，多数是18K金，即金子占了75%。剩下的25%，决定了合金的颜色。25%中主要是黄铜的，是黄金；主要是红铜的，是红金；主要是银或钯的，是白金。较特别的，还有蓝金与黑金。Karat一词，与carat通。但carat也往往用在钻石的重量表示上。每carat的钻石，重0.2克。

L for luxury。这个词有个甚劣的通用译法，叫做 "奢侈品"。在现代的世界，它其实是追寻精益求精的必然。Luxury与普通用品的主要分别，在于把前者的每个细节会不求成本地做好，不计较对实际使用有没有正面意义。在机芯上，包括以人手进行的小心翼翼的镜面倒角抛光，其精密度连30倍的放大镜也看不出瑕疵来。这样的机芯，未必会比ETA制作的钜量生产走得更好。但如果还在分秒计较其实用功能的话，那就别碰这类华贵物品了。

M for magnetic。磁场对手表机芯的损害，既是无形的又是巨大的。作为一个Hi-Fi发烧友，由于常常要搬动扬声器的位置，营造更好的音场，常常令手上的表上磁。郑经翰跟我讲过一个故事，说曾特首的公子戴什么表都会很快日差半小时，那是专藏古董蛋形表的人也无法接受的误差了。后来方知，医疗仪器让手表上磁了。结果，曾医生获优先配得"绿玻璃"一只，可以跟父亲一样天天戴劳力士（有机会讲讲特首的表月底会跳到32号、33号的故事）。现在做防磁表的品牌并不多，除了Milgauss之外，IWC也有Pilot和Ingenieur。但如果我最喜欢的防磁表，当非百达翡丽的Amagnetic莫属。

N for neoclassicism。在可见的未来，新古典主义很可能抬头。这是针对繁复但无谓的电脑复杂表的对抗，旨在保留几百年的钟表制作传统。这样的具复古味道的表，有比较时尚的较大外观，但主体却是简单的超薄两针表。2009年Ralph Laurent及宝玑都有这样的表。后者首次使用了外来的怀表机芯，视觉效果有出人意表的震撼。

O for observatory。时间与天文有唇齿相依的无可分割关系，所以旧日的表都得送到天文台去接受测试，而且每年会举办一次准确度大赛，直到1969年精工表一举夺得了全年10只最精准的表里的七只，这个传统才终止了，交由COSC "求其" 进行。瑞士接受测试并每年举办擂台赛的天文台，有日内瓦和纳莎泰尔，境外有英国的乔城、法国的璧山冈以及德国的纽伦堡。某些有天文台表称号的表，索性就叫observational watch，我看见 "专家" 们译为 "观测表"，啼笑皆非。

P for power。一直以来，有两点是钟表大师们苦苦追求的，即更高的准确度和更长的动力贮存。所以，石英表一面世，机械表便弃兵卸甲几乎全军覆没。现在机械表复兴，动力依然是人们讲究的东西。我当然也喜欢长动力的表，虽然一只表很少在我腕上停留超过两天。我最喜欢的长动力表，是百达翡丽的5100；我推荐的长动力表，是H Moser的Monard；现在市场能买到的最长动力表，该是积家的15天动力三问表；而姗姗来迟的，是有31天动力的朗格31。对长动力的表而言，我绝不赞同自动上链。

Q for quartz。在澳门威尼斯人酒店的一次收藏讲座里，有朋友说它买齐了26个字母起首的手表品牌中的25个，就没有头文字Q的。我给他介绍了唯一的一个，但那品牌只做石英表。这次的选择，我刻意避开quartz一词，但竟无法再有它想。石英是一个重大的发明，现在最好的石英手表机芯每年只差一两秒。我的案头总有一个Grand Seiko，用来作我的regulator。现在，装置Beta 21石英机芯的表相当有收藏价值，特别是百达翡丽和劳力士的产品，超过30年了，这些表的外观还是很前卫。

R for regulator。这两年，全世界都在做叫做regulator的手表。所谓regulator，在表厂里是三种不同的东西，以人来说是调速师，以时计来说是用作参考标准的母钟，以机芯部件来说是调节游丝长度的快慢针。表厂的母钟，时分秒都有自己的轴，简化了传动机械，提高了准确度，减低了动力损耗及摩擦力。当然，最重要的是其内必有最顶级的擒纵装置。现在的regulator手表是否如此？当然不，所以只是regulator look，只能就其字面称作规范指针表了。

S for spring。手表的一头一尾，都有spring。前面的是main spring发条，后面的是hair spring游丝，表就靠这两个重要部件活动。幸好两百年前的先贤替我们译出了两个好名字，否则今人不知如何处哉。甚至，今天还有人画蛇添足把前者叫做主发条，可惜没有顺带把后者译成头发游丝。其实两个部件都不贵，而且也不是什么高科技的东西，但能自己做的品牌相当少，大概购买价格廉宜品质分别不大的缘故。看过几家做游丝的作坊，我真的不觉得有什么骄傲可言。还要声明的是，手表里特别是计时表里有好多个部件叫做spring（弹簧杆），故日内瓦印记和PP印记都有钢线不能做spring的规定。怎么这么多spring呀？又是老外辞汇不够丰富。

T for tailor-made。在表属于真正奢侈品的年代，大多数是订做的。路易十六的皇后订了镂通三问表，银行家H Graves订了可以看到自己纽约家里看到的那片夜空的表，都是一时佳话。可惜今日的富豪们却没有等待超级精品的耐性，拿着一麻袋的人民币去买大路货，这种现象在下倒是看过许多次矣。有上海"有钱人"说，他的5102原来真的跟当地的天空一模一样，除了答曰有趣已不知道有什么话可对。据说5102现在有了俄罗斯版，罗宋汤们不用天天陪着菲烈史端看日内瓦的月亮了。

U for ultra-thin。超薄的机芯和超薄的表，其实应该是发展的主流。就算成表的口径稍大，它戴在手上也会舒服。德利史端说过，他父亲的要求总是"thinner, thinner, thinner"。百达翡丽能领导群雄数十年，人性化是成功的主因。如今万年历表多如牛毛矣，我还是最喜欢该品牌的3940，并且爱屋及乌喜欢了5136。薄，就是关键！

V for value。人本不应该太俗，但在成熟的社会里，华贵物品的金钱价值代表了许多种价值观，包括艺术价值、文化价值和传统价值。我生来就是不信邪的人，买表并不以社会价值观为依归，但买了"杂"表之后真的会发现设计上总存在着或多或少的问题。当然，现在市场上的古董怀表是大大地undervalue的。我连当年价格可买一幢别墅的三金桥陀飞轮，在天文台大赛得到高名次的卡罗素，都有幸买下来了，几年前真的做梦都不敢想。如果阁下像锺某那样前挂兵后挂勇，不妨多收进。

W for waterproof。日常生活中手表很容易遇上水，就算不直接接触水，也可能被湿气侵蚀。我觉得相当奇怪的是，同样戴手表，湿度比香港低的大陆，却会有手表被水气严重损害的现象。即便是很斯文的人如家父，金表也常常是带黑斑的，机芯如何可想而知了。避免无理取闹，有品牌甚至在产品目录上注明不能防水，但在其他文字的版本上是写日常生活防水的。于我而言，就算Deep-Sea也只是一种装饰，我想很多喜欢表的人均作如是观。

X for extreme。极端的环境需要极端状态的表，有好几个品牌为这种用途做出特别的表。虽然戴这样的表的人很可能无须经受高热度高磁场高腐蚀之类的严苛考验，但戴上这种表追求的是某种格调，与传统Ultra-thin绝对相反的格调。积家是做这类表的高手，已得到了很多才俊的捧场。

Y for yacht。帆船赛成为趋时的运动项目，为这种运动做的表也越来越多。劳力士的Yacht Master在慢慢地流行，然后是爱彼的Royal Oak Alinghi成为当炒大热，都为这种流行运动做背书。沛纳海也有好几款帆船表，很符合他们惯常制造水上运动表的形象。除了这三个品牌，号称推出海上表的还有五六个品牌，但相信只能在商业竞赛中吃尘了。

Z for zodiac。天上的十二黄道宫，冥冥中给人们预示着一些什么。能看星空的天文表是很复杂的项目，现在能做观天表的品牌并不多。有钱有耐性的可以买百达翡丽的5102或者是5002，否则可以光顾功能方面可能更复杂的雅典天文三部曲。我很记得，雅典的Tellurium Kapler刚面世的时候，表店打折后才要我十五六万港元，今日已升值了许多倍。有机会买到一套这样的表，应该会成为收藏中的珍品。好好研究它，接着拿个天文学博士也指日可待。

颖川堂 刊物

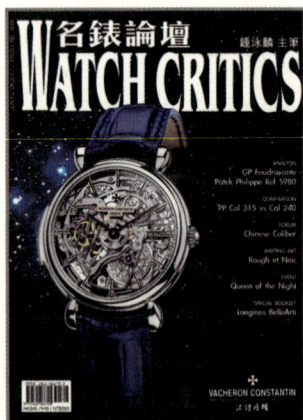

CDV GROUP

查询电话

香港	上海	北京	广州	台北
(852) **2508 1318**	(8621) **6249 2700**	(8610) **8286 5127**	(8620) **8376 9540**	(8862) **2749 5179**